KB244382

GREEN TABLE

똑똑하고 센스 있는 오가닉 라이프의 시작!

GREEN TABLE
그린 테이블

김윤정 김은희 지음

북하우스

2007년 늦은 여름, 그린테이블에 반가운 손님이 찾아왔습니다. 한쪽에만 쌍까풀이 있는 길쭉한 눈이 참 매력적인 서영희 씨였습니다. 아이를 낳은 지 몇 달이 채 안 된 시기였을 그녀의 열정에 우리 자매는 반하고 말았죠. 그 후 일 년이 훨씬 넘어서야 함께 책을 내자던 그녀의 제안이 구체화되었답니다. 왠지 꼭 함께 작업하고 싶어서 저희도 한껏 욕심을 부렸답니다. 그것이 이 책『그린테이블』의 시작이었습니다.

2007년 생각지도 못했던 에세이 형식의 첫 책을 낸 후 한동안 텅 빈 것 같았습니다. 마음속에 있던 생각과 지식 등을 다 쏟아부었던 결과일 테지요. 원래 글을 쓰는 사람도 아니어서, 이제 정말 다시는 어떤 생각도 떠오르지 않을 것만 같았습니다. 신기하게도 언니들과 함께 '그린테이블'이란 이름으로 일을 하고 있는 이 년 동안 다시 마음속 새살이 돋아났습니다.

그린테이블은 건강한 식재료로 만든 음식으로 가득 채워진 식탁을 생각하면서 만든 이름입니다. 요리가 좋아 평생 요리를 하고 싶은 자매가 알콩달콩 일을 하고 있는 곳이에요. 그렇게 요리 촬영을 하고, 메뉴 컨설팅을 하고, 요리 수업을 하고, 요리에 대한 짧은 칼럼 등을 쓰는 동안 제가 느끼지 못하는 사이에 조금씩 이야깃거리가 쌓였나봅니다. 북하우스에서 그런 작은 얘기들에 관심을 기울여주신 결과 이 책『그린테이블』이 세상을 만나게 되니 감사한 마음입니다. 부끄럽지만, 저희의 일, 일상, 요리 이야기를 담게 되었습니다. 일하면서 짬짬이 농장에 다녔던 것도 한 장을 차지하게 되었습니다. 우리 땅에서 음식재료들이 어떻게 자라고 있는지 궁금했거든요. 저희 자매가 입을 모아 말하는, 따뜻한 사진을 찍는 김기현 실장님이 예쁘게 다시 담아주셨답니다. 가끔 자연을 접하면서 바람을 쐬었기 때문일까요? 음식에 대한 열정이 더 살아나는 것을 느낍니다. 싱싱한 식재료를 길러내시는 농장지기 여러분과 만나면서 조금 더 자란 느낌도 함께요.

1장의 농장 편에 나오는 곳들은 지금도 열심히 땀 흘려 일하시는 농장지기분들 중 아주 일부분에 불과합니다. 저희가 발길 닿는 대로 다녔던 곳들인데 폐가 되지 않았을까 우려가 되네요. 하시는 일에 굉장한 자부심을 갖고 계시던 분들이었습니다. 참 보기 좋았습니다. 낯선 저희가 질문을 하는데도 흔쾌히 알고 있는 내용을 알려주시고 반겨주셨어요. 각자 기르고 있는 농작물에 대한 전문가이시니 가는 곳마다 배우는 학생의 기분을 느꼈답니다. 음식에 대해 아직 배울 것이 많다는 걸 새삼 깨닫게 됐고, 또 매우 즐거웠습니다. 게다가 농장에서 갓 딴 농산물은 얼마나 싱싱하고 맛이 좋았던지요. 그 맛에 자꾸 다니게 되는 듯 합니다. 전국 곳곳의 다른 농장에 가도 마찬가지가 아닐까요? 이 봄, 겁내지 말고 여러분의 'favorite' 농장을 찾아 사랑하는 가족, 연인들과 길을 떠나보아도 좋을 것 같습니다. 올해도 날이 따뜻해지면, 저희 자매는 진교를 데리고 농장을 향해 산타모를 몰고 있을 거예요.

2009년 봄 서초동 그린테이블에서
윤정·은희

차 례

prologue • 4

part 1
가족과 함께 하는 유기농 농장 체험

유기농 토마토 농장으로 놀러 오세요 마실촌 • 12

이름은 몰라도 송이송이 잘만 키우면 되지유 원재네 포도밭 • 22

사과꽃 피는 계절에 만나요 사과향기 • 32

밤 따고, 표고버섯 먹고, 한우 맛보고 금호농원 • 42

호박넝쿨 구비구비 잡초들의 천국 호박등불마을 • 48

저 푸른 초원 위에 개구쟁이 아기 목동 밀크스쿨 아트팜 • 56

껍질이 새파란 귤을 먹을 수 있다고? 최남단 체험감귤농장 • 64

제철 재료와 활용 식단, 그리고 각 농장 방문 시기 • 70
그린테이블의 농장 찾는 방법 • 72
도시락 싸는 방법 • 73

part 2
제철 재료로 승부하는 2인 2색 맛 대결

한식 김윤정 / 서양식 김은희

봄 • 76

봄나물 봄나물 묵 냉채 샐러드 / 비트와 봄나물 샐러드
주꾸미 주꾸미 떡볶음 / 타이식 주꾸미 샐러드
조개류 해산물 포켓 요리 / 조개 파스타
아스파라거스 쇠고기 아스파라거스 볶음 / 아스파라거스 프리타타

여름 • 94

감자 감자 파래 해물전 / 버섯 크림 뇨키
가지 가지탕수 / 라타투이
피망 피망 부추 고기 말이 / 구운 닭 안심살과 홍피망 살사 타코
장어 우엉 장어 나베 / 장어 나폴레옹

가을 • 112

버섯 모둠 버섯 채끝살 구이 쌈 / 버섯 치킨 팟 파이
호박 흑미 단호박 라이스 / 단호박 비프 코코넛 커리
연어 연어 우엉 말이 / 사과 소스를 곁들인 연어 스테이크
대하 대하 잣 소스 샐러드 / 대하 파에야

겨울 • 130

산마 산마 두부 오코노미야키 / 산마 그라탱
문어 새콤달콤 문어 국수 / 문어 세비체
가자미 가자미 마늘 구이 / 와인 소스 가자미 구이
매생이 굴 매생이 칼국수 / 매생이 굴 파스타

가자미 4장으로 포 뜨는 방법 • 148
파스타 만드는 방법 • 150
그린테이블에서 자주 쓰는 치즈 종류 • 152
식용유 종류 / 팬의 종류 • 153

part 3
요리하는 여자들의 달콤쌉싸름한 활약기

요리하는 세 자매, 그린테이블로 뭉치다 • 158

첫 요리 수업, 해피 크리스마스 • 162

첫 광고 촬영, 냄새와 졸음에 넉다운 되다 • 166

진교 모델 되다 • 168

그린테이블에게 비타민이란? • 170

인간극장 출연, 그 진정성에 대한 회의 • 174

아버지의 밭 • 178

그린테이블 이사하다 • 184

컵케이크를 상륙시키다 • 192

즐거운 마음이 퐁퐁 솟는 곳, 소품 가게 • 198

요리 여행, 그리고 그린테이블식 쇼핑 • 206

첫 야외 촬영, 비야 비야 멈추어다오 • 210

백조가 되기 위한 시간, 푸드스타일리스트 수업 • 216

취미 이상의 취미, 전문 요리 수업 시작! • 220

풀무원, 순백의 심플한 세팅이면 충분해! • 224

컨설팅, 실력만큼 중요한 신뢰로 승부한다 • 226

맛있게, 멋있게, 120%의 완벽함, 케이터링 서비스 • 232

10년차 푸드스타일리스트 김윤정이 자주 가는 그릇 가게 • 236
10년차 푸드스타일리스트 김윤정이 그릇을 선택하는 방법 • 237

part 4
특별한 사람을 위한 특별한 상차림

brunch • 242

계란 토스트와 알감자 해시 브라운, 방울 토마토 피클
딸기 블루베리 팬케이크 / 소시지와 토스트를 곁들인 스크램블드 에그
구운 사과를 얹은 프렌치 토스트, 귤잼

kids food • 246

두부 오믈렛 / 칠리 새우 계란 덮밥 / 조갯살 푸질리 파스타
단호박 카레라이스 / 건강 채소 찐빵 / 단호박 양갱 / 견과류 쿠키

afternoon tea time • 252

드라이 크랜베리 스콘, 사과잼 / 훈제 연어로 채운 데블스 에그 / 미니 BLT 샌드위치
계란 피클 샌드위치 / 미니 새싹 비프 샌드위치 / 치킨 샐러드 샌드위치 / 오이 새우 샌드위치
훈제 연어 미니 크루아상 샌드위치 / 단호박 베이컨 샌드위치 / 바나나 컵케이크

finger food • 262

버섯 토마토 살사 타르트 / 파인애플 브리 치즈 카나페 / 새우 토마토 피클 크로스티니
아스파라거스 말이 쇠고기 꼬치 / 치킨 파인애플 꼬치와 새우 브로콜리 꼬치 / 두 가지 참치 타르타르
감자 팬케이크 훈제 연어 카나페 / 토스트한 브레드 컵에 담은 치킨 케이퍼 샐러드
오이 래디시 샐러드를 얹은 겉면을 구운 참치 카나페

cocktails • 270

민트 줄렙 / 블랙 벨벳 / 상그리아 / 파인애플 테킬라 다이커리
시브리즈 / 모히토 / 마드라스 / 벨리니 / 미모사

healthy drinks • 274

초코 바나나 스무디 / 건살구 스무디 / 딸기 바나나 스무디 / 키위 배 주스
오렌지 키위 주스 / 파인애플 양상추 주스 / 사과 셀러리 주스

『그린테이블』에서 사용된 용어 정리 • 282

가족과 함께 하는
유기농 농장 체험

건강한 식재료를 찾아 주말마다 농장을 방문하는 그녀들의 외출!
아이 진교에게는 무엇과도 바꿀 수 없는 최고로 행복한 놀이입니다.
가족과 연인을 위한 새로운 여가의 제안, 농장 체험!
가끔씩이나마 자연으로 돌아가 소중한 사람들과 함께 건강한 시간을 보내세요.

유기농 토마토 농장으로 놀러 오세요 마실촌

유기농이란 말이 여기저기서 유행하고 있다. 우리가 접하고 있는 수많은 유기농 식품들이 어떻게 자라고 있는 걸까 하는 질문에서 자매들의 농장 방문이 시작되었다. 책에서 읽는 것 말고 유기농이란 단어의 뜻을 확실하게 정의할 수 있는 부부가 사는 농장이 있다. 토마토 줄기가 뿌리를 내린 흙에서부터 영양분을 주는 영양액까지 손수 만들며 작게 토마토 농장을 꾸리고 있다. 유기농 농장 체험 프로그램을 한다는 말에 한여름 진교와 함께 길을 나섰다.

'토마토' 하면 여름이 떠오른다. 이슬이 맺힌 통통한 토마토가 우리를 기다릴 것 같아 마음은 즐거웠다. 기운이 쪽 빠질 정도의 무더운 날이었다. 도착한 마실촌은 서울에서 그리 멀지 않은 고양시에 위치한다. 자유로를 죽 달리다가 파주출판단지 직전 일 킬로미터쯤에서 우회전해 들어가 구불구불 이차선 도로를 삼분 정도 따라가면 마실촌이 나온다. 산타모를 세우고 전화를 걸었다. 촌장 부인이 입구로 나와 반겨주셨다. 갈색으로 그을린 피부에 수줍은 미소를 지으셨다.

그녀의 안내로 비닐하우스 안쪽으로 들어갔다. 비닐하우스와 유기농하면 왠지 안 어울리는 느낌이다. 유기농은 인공적인 것이 가미되면 안 될 것 같은데, 실제로 현대에 토마토가 자연에 노출되어 자라는 곳은 흔치 않다. 나중에 설명을 들으니 쉽게 이해가 갔다. 마실촌에서는 특히 비닐하우스가 필수였다. 해충을 잡을 때 농약을 전혀 사용하지 않고 천적을 이용한다고 했다. 힘들게 천적이 해충을 잡아도 어떻게 알고 비닐하우스로 해충이 또 들어온다고 하셨다. 그러니 확 트인 공간에서는 농약을 쓰지 않고 천적을 잡는 것은 말도 안 된다는 얘기.

　며칠 전에 전화로 예약을 하고 온 길이었다. 그런데 비닐하우스 안은 무척 더웠고 토마토는 몇 개 열려 있지 않았다. 순간 힘이 쪽 빠졌다. 유기농에 대해서 배우고, 탱글탱글한 토마토도 따먹을 생각에 즐겁게 찾아왔는데…… 헛걸음한 기분이었다. 전화로 자세히 물어보지 못한 게 후회가 되었다. 거의 수확이 다 끝난 후에 방문한 거였다. 한쪽은 딸 만한 토마토가 거의 없었고, 다른 한쪽은 새 토마토를 기르려고 흙을 관리하고 있는 빈 밭이었다.

　조금 남아 있는 토마토라도 땄다. 주인아저씨께서 농장에 대한 설명을 해주셨다. 유기농은 유기물 자체만을 일컫는 것이 아니고, 유기 토양에서 자라는 유기 농산물만을 지칭하는 말이라 한다. 토양 자체가 농약이나 비료에 의해 오염된 곳에서 유기 재배로 길렀다고 유기 농산물이 되는 건 아니란 얘기이다. '아, 그렇군요' 자매들은 작은 수첩에 열심히 받아적는다.

　　마실촌의 유기농은 토양에서부터 시작된다. 경운기로 땅을 갈아엎는 법이 없다. 그럼에도 마실촌의 흙은 촉촉하면서도 부드러워 보인다. 토양 속에 공기가 많이 들어 있는 땅으로, 손으로 한 움큼 쥐면 흙속에서 지렁이와 벌레들이 몇 마리씩 나온다. 헉~ 처음에는 어찌나 놀랐던지. 흙속의 벌레들은 그렇다 치고…… 영양분 공급 역시 철저했다. 자연 재료를 삭혀 직접 만든 천연 유기 자재에 물에 타 희석시키고 이것을 밭 전체로 연결해둔 호스의 구멍을 통해 공급한다. 그리고 해충은 천적을 이용해서 잡고. 유기농으로 재배를 한다는 건 더 없이 섬세하고 까다로운 작업인 듯했다.

　　더운 여름 지친 몸으로 사십 분 정도 설명을 들었더니 힘이 쪽 빠졌다. 초록색 바구니에 딴 노란색 토마토를 들고 작업실로 돌아왔다. 훗날을 기약하면서.

　　다시 마실촌은 찾은 날은 10월 중순경이다. 그동안 전화로 촌장 부부를 꽤 괴롭혔다.

"지금 애들 상태가 어때요? 아, 꽃을 피웠다고요? 그럼, 언제쯤이나 토마토를 딸 수 있을까요?"라는 전화를 꽤 여러 번 한 끝에, 어느새 색이 변한 가로수가 늘어선 자유로를 달렸다. 매일 즐겨 듣는 창완 아저씨의 '아침창'을 들으며 경쾌한 질주를 했다. 에메랄드 캐슬의 '발걸음', 제임스 모리슨의 '유 기브 미 섬싱'을 따라 부르며 가던 그린테이블의 소풍길. 오랫동안 기다려 그런지, 곧 만날 토마토를 나도 함께 키운 기분이랄까…….

비닐하우스 안의 풍경은 완전히 바뀌어 있었다. 한여름 무더위에 지쳤던 식물들이 선선한 바람에 다시 소생한 듯했다. 허브류는 저마다 싱싱한 자태와 향기를 뽐내고 있었고, 저쪽 딸기를 심은 밭에서는 연두빛 새싹들이 엉긴 양탄자처럼 자랐고, 배추와 콜라비가 녹색 에너지를 마구 내뿜고 있었다. 그토록 기다리던 토마토는 줄기 아랫부분에 탱글탱글 매달려 있었다. 토마토는 한 줄기에 시기별로 다른 크기로 열린다. 처음에는 줄기 아랫부분에 열매가 생겨 자라고, 그 후 중간 높이, 마지막으로 윗부분에 열매가 맺힌다. 생각해보니 여름에 갔을 때는 줄기 윗부분에 달린 토마토를 땄던 기억이 났다. 저번에 배웠던 대로 한 손으로 토마토를 슬며시 쥐고 줄기에 있는 마디를 반대쪽으로 꺾으니 쉽게 톡 하고 떨어졌다. 진교도 조심스레 따라 하더니 금세 한 바구니를 채웠다.

방문하는 사람이 그저 반가워 강아지들이 짖는 소리에 진교는 무서워하면서도 개집 앞을 떠날 줄 모른다. 그새 마실촌에 식구가 늘었다. 여름 이후 키우기 시작하셨다는 토종닭 우리 앞에 서서 토실토실한 닭들의 걸음걸이를 구경하고 있는데, 주인아주머니가 기니피그가 있다면서 보여주신단다. 자세히 보니 바닥에 깔린 지푸라기 사이로 조그맣고 통통한 아기 돼지가 보인다. 양손으로 조심스레 붙들고 진교를 보여주신다. 진교와 부끄럼쟁이 기니피그는 서로 놀라서 반대편으로 뛰어 달아난다. 나와 언니는 귀여운 두 아기 돼지의 모습에 마냥 즐거워 웃었다.

유치원에서 아이들이 체험학습을 오기도 하고 주말이면 아이가 있는 몇몇 가족이 팀을 짜서 예약방문을 하기도 한다. 걸려 있는 사진을 보니 유치원 생일잔치를 이곳에서 했나보다. 흙을 밟는 게 쉽지 않은 지금의 아이들에게 조심스레 토마토를 따고 밭이랑을 뛰어다니며 술래잡기를 하는 경험은 특별하게 남을 것 같다. 아이들의 체험 농장 방문은 적극 권장하지만, 다만 부부가 힘겹게 일군 유기 토양과 토마토를 조심히 다뤄줬으면 하는 마음이다.

▌**마실촌** 경기도 고양시 일산서구 구산동 930-2 http://www.masil62.com 031-923-2240

01 토마토 샐러드

**방울토마토 200g, 수경 채소* 150g, 아스파라거스 3개,
발사믹 드레싱 3큰술, 파르마산 치즈 50g, 소금, 후추,
발사믹 드레싱(발사믹 식초 1큰술, 올리브 오일 2큰술, 꿀 1/2작은술, 소금, 후추)**

01 방울토마토는 깨끗이 씻어 물기를 제거한 후 꼭지를 떼고 반으로 가른다.

02 수경 채소는 흐르는 물에 씻어 물기를 제거한 후 먹기 좋은 크기로 손으로 찢어둔다.

03 아스파라거스는 필러로 겉면의 질긴 부분을 제거한 후 얇게 저며
소금물에 30초 정도 데쳐낸다.

04 볼에 방울토마토, 수경 채소, 아스파라거스를 넣고 소금,
후추 약간과 발사믹 드레싱을 넣고 살살 버무린다.
접시에 담고 위에 필러로 파르마산 치즈를 얇게 저며 올린다.

02 토마토 버섯 카나페

**크루통* 12장, 미니 새송이버섯 1/4컵, 다진 양파 2작은술, 방울토마토 12개,
올리브 오일 4큰술, 레몬즙 1작은술, 다진 파슬리 1작은술, 소금, 후추**

01 바게트빵은 7mm 두께로 잘라 소금, 후추, 올리브 오일 1큰술을 발라
175℃ 오븐에 약 9분간 바삭하게 굽는다.

02 프라이팬에 올리브 오일 2큰술을 두르고 미니 새송이버섯을 반으로 갈라
다진 양파와 함께 볶는다. 소금, 후추로 간을 맞춘다.

03 방울토마토는 꼭지를 떼고 반으로 갈라 포크 등으로 짓이긴다.
올리브 오일 1큰술, 레몬즙, 파슬리, 소금, 후추로 간한다.

04 바게트빵에 미니 새송이버섯과 방울토마토를 얹는다.

* **수경 채소** 토양 없이 물과 비료만으로 재배하는 청정채소로 시금치, 상추, 로메인, 적치커리, 오클리 등
다양하고 쌈 재료나 샐러드로 먹는다.
* **크루통** 식빵을 1cm² 토막으로 썰어 기름에 튀기거나 토스트하여 버터를 바른 것을 말하며,
크림 수프의 건더기로 먹기 직전에 위에 띄우거나 샐러드 등에 섞기도 한다.

03 BLT 버거 4개

식빵 8장, 베이컨 12장, 토마토 슬라이스 4장, 로메인˚ 4장, 홀스래디시 마요네즈˚ 4큰술, 씨겨자 2큰술

01 베이컨은 프라이팬에 구워 기름기를 제거한다. 로메인은 깨끗이 씻어 물기를 제거한다.

02 식빵 한 면에 홀스래디시 마요네즈를 바른 후, 로메인, 토마토, 베이컨 순으로 얹는다.

03 다른 식빵 안쪽에 씨겨자를 펴바른 후 위에 얹는다.

04 토마토 크림 수프 4인분

토마토 600g, 베이컨 1장, 당근 60g, 셀러리 30g, 양파 30g, 마늘 1쪽, 버터 20ml, 식용유 약간, 밀가루 20g,
치킨 스톡˚ 700ml, 소금, 후추, 월계수 잎 1장, 생크림 50ml

01 토마토는 꼭지를 떼고 안쪽의 씨 부분을 숟가락으로 파낸 후, 과육 부분을 듬성듬성 썬다.

02 당근, 셀러리, 양파는 껍질을 벗기고 작게 큐브 모양으로 썰어놓는다. 마늘은 저민다.

03 베이컨은 짧게 썰어 두툼한 냄비에 식용유 약간을 넣고 바삭하게 볶는다. 여기에 양파를 넣고 투명해질 때까지 볶는다.
   당근, 셀러리, 저민 마늘 순으로 더해서 함께 볶는다.

04 '03'의 냄비에 버터를 넣어 녹인 후 토마토를 넣고 저어
   전체를 코팅한다. 밀가루를 넣고 약 5분 정도 저어가면서
   밀가루 맛을 없앤다.

05 치킨 스톡을 조금씩 넣는데 거품기로 저어 밀가루가 뭉치지 않게 한다.
   치킨 스톡을 다 넣은 후 월계수 잎을 넣고 뚜껑을 닫고 한소끔 끓인다.
   다 끓었으면 뚜껑을 열고 종종 저어가면서 은근히 끓인다.
   15~20분간 끓인 후 월계수 잎을 버리고 믹서기에 넣어 곱게 간다.

06 깨끗한 냄비에 간 토마토 혼합물을 넣고,
   데운 생크림을 넣은 다음 잘 섞어 은근히 끓인다.

07 수프 볼에 담고, 취향에 따라, 후추, 파르마산 치즈를 올려 먹는다.

● **로메인** 수경 채소의 일종으로, 상추와 비슷하지만 좀 더 길쭉하고 빳빳하다. 시저 샐러드의 주재료.
● **홀스래디시 마요네즈** 서양식 고추냉이인 간 홀스래디시를 넣은 마요네즈.
● **치킨 스톡** 서양요리에서 쓰이는 여러 가지 다양한 육수 종류 중, 닭뼈를 허브와 함께 우려낸 국물.
   닭뼈를 깨끗이 씻어서 냄비에 넣고 닭뼈 위로 5cm 정도까지 물은 붓는다.
   월계수 잎, 타임, 통후추, 마늘, 파슬리 줄기 등을 넣고 3~4시간 우려낸 후 완성되기 한 시간 전에
   양파, 당근, 셀러리를 넣고 은근히 끓인다. 마지막에 뼈와 무른 채소를 제거하면 치킨 스톡이 완성된다.

이름은 몰라도 송이송이 잘만 키우면 되지유

"맨밥으로? 아님 비벼서?"

비빔밥집에서 들리는 얘기가 아니다. 원재네 포도밭 앞에 있는 포도 판매대에 들른 손님에게 주인아저씨가 툭 던지는 말이다.

첫 번째 방문한 손님은 '엥, 무슨 소리야?' 하는 표정이지만, 두 번째로 들른 손님은 이내 별것 아닌 듯 "맨밥으로 두 개, 비벼서 한 개"라고 대답한다. 아주머니는 익숙한 손놀림으로 한 송이씩 포도를 종이에 싸고 박스를 들고 앉은 아저씨에게 건네준다. 청포도, 거봉, 홍부사 등이 사이좋게 한 박스 안에 자리잡고 있다. 그동안 손님은 아주머니가 잽싸게 씻어다준 포동포동한 포도를 맛보며 기다리면 된다. 초록색 플라스틱 직사각형 체에 청포도와 거봉이 참 예쁘기도 하다. 공짜 포도를 내놓는 모습, 받아먹는 모습이 참 정겹다.

원재네 포도밭은 서울에서 약 오십 분 정도 고속도로를 달려 남안성 톨게이트로 나온 후 두 번의 우회전을 하면 도착할 수 있는 곳이다. 국도 주변에 있는 포도판매상과 별 차이가 없어 보여 그냥 지나치기가 쉬워 아쉽다. 막상 차를 세워놓고 보면 집 뒤쪽으로 보이는 푸르른 포도밭과 원두막, 도랑 등 자연의 풍광이 가득하다.

아저씨는 원래 목수였다고 한다. 포도를 파는 나무집도, 손님들이 앉아 있는 손때 묻은 벤치도 탱크 바퀴를 달고 있는 작은 운반차도 다 아저씨 손으로 직접 만든 것들이다. 아저씨와 아주머니는 십삼 년 전 어린 원재를 등에 업고 포도나무를 심었단다. 삼 년 후 처음으로 포도를 판매하기 시작했고, 원재는 어느새 중학교 삼학년이 되었다.

그 세월 동안 처음에는 알록달록했을 간판이 빛바랜 파스텔 톤으로 변해 있다. 그 옆으로 포도넝쿨이 한 그루 매달려 있는 간단한 나무 처마가 있다. 서리를 맞은 후에야 다 익어서 수확할 수 있다는 '세레단'(셰리든)이다. 맛이 어떨까 무척 궁금해지는 이름부터 특별한 포도나무이다. 그 옆으로 난 작은 길로 노란색 바구니를 옆에 낀 아저씨를 따라 내려가면 포도밭이 나온다.

우리가 익숙하게 먹는 머루, 거봉, 청포도인 세네카, 포도알이 새끼손톱만 한 델라웨어, 킹델라웨어, 그 외에 맛이 독특한 머스캣, 해마다 제일 먼저 익는 씨 없는 포도인 신로트, 달콤한 스튜벤, 연붉은 갈색의 홍부사(맛을 보고 제일 반했던), 우리가 흔히 먹는 캠벨 포도와 닮았지만 훨씬 맛이 좋은 버팔로, 알이 크고 새까만 MBA, 농장에 딱 한 그루가 자라고 있는, 갈색의 포도송이를 맺는 브라크, 청포도인 이탈리아, 오브 알렉산드리아, 노자리오, 비앙코 등의 총 열아홉 가지의 포도나무들이 아저씨 마음대로 일정한 구획 없이 심어져 있는 곳이다. 포도마다 수확철이 다 달라 아저씨가 아닌 사람은 딸 엄두도 못 낼 만큼 무형식의 포도밭이다. 그런데 마트에서 흔히 먹는 캠벨 품종이 안 보인다. 우리가 일반적으로 먹는 까만 포도 캠벨은 기르기 쉬운 품종이지만 아저씨 입맛에는 별로여서 딱 한 그루만 남겨두었다고 하신다.

처음으로 이렇게 다양한 종류의 포도를 한꺼번에 보는 거였다. 포도밭에 들어온 우리 자매와 진교는 반짝이는 눈으로 아저씨를 총총 따라다녔다. 오른쪽 어깨에 노란 바구니를 메고, 한 손에는 원예가위를 들고 연한 홍갈색의 홍부사를 잘라 바구니에 담는다. 홍부사는 외압에 약해 비가 내리면 포도알이 툭툭 터져버려 상품성이 떨어진다고 했다. 따주신 포도알을 입에 넣어보니, 부드러운 단맛이 입 안에 스며든다. 흔치 않은 맛이라 '정말 맛있네요'라는 말이 절로 난다. 너무 맘에 드는 품종이라 기르기 힘들어도 해마다 찾는 손님을 생각하면 포기할 수 없는 포도란다. 껍질이 연하고 보드라운 청포도, 껍질이 새까만 버팔로, 맛이 정말 독특한 머스캣 등 한 송이씩 따고 한 알씩 일일이 맛을 보여주신다. 가끔 어떤 포도는 이름이 뭐냐는 질문에 허허허 겸연쩍어하며 이름을 잊어버렸다고 하신다. 총 열여덟 가지의 포도나무가 무럭무럭 자라고 있는 포도밭에 한 종류가 더 생겨 열아홉 가지의 포도들이 사이좋게 자라고 있다. 열아홉 번째의 포도 품종은…… 역시 이름은 모르신단다.

그렇게 포도밭을 한 바퀴 돌면서 여러 품종을 보다보니 마트에서 흔히 보았던 거봉과 캠벨과는 많이 다른 모습이란 생각이 든다. 일단 포도의 색이 각양각색이고, 한 포도송이에 달린 포도알의 크기도 다 다르고 송이 전체의 모양도 얼기설기하다. 오밀조밀하게 포도알이 붙어 있는 포도송이를 가리키며 '모양은 좋을지 몰라도 원래 그렇게 안 자라는 품종이에요. 나는 그 품종 그대로의 모습으로 키우려고 하는데……' 하신다. 아저씨는 자체의 모습대로 키우려 노력하고 있었다. 대충 키우시나 했더니 송이 하나하나마다 정성을 가득 들이신 모습이다. 우선 겨울철에 모든 나무줄기를 얼지 않게 땅속에 묻어두고, 재배철에 너무 많이 열리면 송이를 쳐내고, 특성에 따라 비닐이나 종이옷을 입힌다. 그렇게 제 각각의 모양대로 자유롭게 놓아기르신다. 그래서일까? 겉모양이 촘촘하진 않지만, 송이 하나하나 품위가 있고 맛은 최고이다. 신맛도 거의 없고, 포도알을 씹으면 물컹하다기보다 사각사각한 느낌마저 든다.

진교는 멋스럽게 휘어진 나뭇가지를 하나 찾아들고는 줄지어선 나무들 사이를 뛰어다닌다. 넘어져봤자 흙이고 부딪혀봤자 나무이니 나도 언니도 아이를 붙들러 다니느라 애를 쓰지 않아도 되었다. "진교야, 포도 따자" 했더니 저기에서부터 뛰어와서는 빨리 안아올려달라고 만세를 부르고 있다.

주인아저씨와 진교가 함께 딴 포도가 벌써 한 바구니이다. 밭을 나와서는 수도꼭지 앞에서 손과 얼굴을 씻고 신발에 묻은 진흙을 털어낸다. 밭을 나오니 오히려 땡볕에 고스란히 얼굴을 태운다. 포도밭이 오히려 시원하다.

8월 초부터 9월 말까지 포도 수확철이다. 매일 새벽 네다섯 시에 아저씨가 포도를 따고 바로 길가에 있는 집에 포도를 갖다놓으면 아주머니가 손질을 한 후 손님을 기다린다. 수확량이 그렇게 많지도 않아 매번 찾아오는 손님들이 사가거나, 한번 맛본 이들이 다음해에 택배 주문하는 식으로 전량 팔리고 있단다. 우리는 올 때마다 '비빔밥'으로 서너 박스씩 사오곤 한다. 여러 품종의 다양한 맛을 한꺼번에 구입할 수 있다는 것이 정말 매력적이다. 그중 아저씨가 까다롭게 기르고 있는 홍부사가 제일 인기가 많은 품종이다.

작은 상자에 많이 넣으시려 했을까? 이리저리 돌려끼워도 잘 안 들어가니 갑자기 포도를 토닥이신다. 괜히 많이 넣으시려다 포도알들이 물러지면 안 되니까 대충 살살 넣어달라고 하니 "이렇게 토닥이면, 들어가겠지유" 하신다. 우리 자매들 또 한바탕 웃고…….

직접 담근 포도주며, 얼려서 한 알씩 쏙쏙 빼먹는 포도 아이스크림을 또 내주신다. 운전을 해야 하는 나는 언니 눈치를 보면서 한 모금 홀짝여본다. 농장 갈 때 자주 가져가는 흰색 낡은 의자를 보시더니 목수의 연장을 갖고 오신다. 손때 묻어 예쁜 못 상자와 망치를 가져와서 흔들거리는 그린테이블의 의자를 뚝딱 고쳐주셨다. 너무 낡아서 오래 못 쓸 것 같으니, 다음에 와서 의자 만들어달라면 만들어주신단다. "약속 잊으시면 안돼요." 어쨌든 한 해 동안 계속 침을 고이게 할 포도를 내년에도 또 사러 들러야 할 테니 말이다.

▮ **원재네 포도밭**　경기도 안성시 미양면 계륵리 69　031-671-2131

	01	
02	03	04

01 생포도를 올린 그라놀라* 요거트 2인분

유기농 그라놀라(또는 시리얼) 1/2컵, 플레인 요거트 2통, 꿀 2큰술, 포도 많이

01 포도는 알을 떼어 깨끗이 씻어 물기를 제거한 후 반으로 가른다.

02 투명한 볼 바닥에 그라놀라를 담는다. 요거트를 올리고 포도와 꿀을 얹는다.

03 작은 스푼으로 저어 먹는다.

- **그라놀라** 말린 과일이나 갖가지 곡물을 꿀에 버무려 오븐에 구워낸 것으로 시리얼과 비슷하다.
- **푸질리 파스타** 회오리 모양의 파스타 면
- **레드 와인 식초** 레드 와인으로 만든 식초로 향긋하고 신맛이 덜한 부드러운 식초.
- **엑스트라 버진 올리브 오일** 올리브 오일의 한 종류로 올리브 오일은 올리브를 짜서 나오는 기름을 모은 것인데, 강한 압착을 하지 않고 나온 처음의 오일이 엑스트라 버진 올리브 오일이다. 좀더 진한, 순수한 형태의 올리브 오일이어서 값도 비싸다. 볶음이나 튀김 요리에는 어울리지 않는 식용유로 샐러드 드레싱으로 적합하다.
- **사워 크림** 유제품으로 플레인 요거트처럼 보이는 새콤한 맛의 크림이다. 멕시코 인들이 고기와 함께 잘 먹는다.

02 푸질리 파스타* 샐러드 2인분

푸질리 파스타 100g, 대하 4마리, 수경 채소 80g, 포도 많이, 잣 2큰술, 다진 양파 2큰술, 발사믹 식초 1큰술,
레드 와인 식초* 1큰술, 레몬즙 1작은술, 엑스트라 버진 올리브 오일* 3큰술, 다진 파슬리 1큰술, 소금, 후추

01 푸실리는 끓는 소금물에 약 10분간 삶아 물기를 제거한 후, 소량의 올리브 오일에 버무려놓는다.

02 대하는 소금물에 데쳐 반으로 갈라놓는다. 수경 채소는 씻어서 먹기 좋은 크기로 손으로 찢는다. 포도알은 씻어 반으로 갈라둔다.

03 잣은 프라이팬에 기름을 두르지 않고 노릇하게 볶아놓는다.

04 볼에 다진 양파, 발사믹 식초, 레드 와인 식초, 레몬즙, 엑스트라 버진 올리브 오일, 다진 파슬리를 넣고 거품기로 잘 섞는다.
   여기에 삶아 놓은 푸실리, 대하, 잣, 포도를 넣고 함께 버무린다. 소금, 후추를 뿌려 간을 맞춰 그릇에 담는다.

03 레몬 파운드 케이크

계란 5개, 설탕 200g, 소금 약간, 사워 크림* 80g, 박력분 170g, 베이킹 파우더 5g,
버터(실온 상태) 120g, 생크림 20g, 레몬 2개(소금으로 문질러 씻어 소독한다)

01 볼에 버터를 담아 휘핑기로 젓는다. 여기에 계란을 넣고 휘핑기로 저은 다음 또 설탕, 소금을 넣고 미색이 될 때까지 젓는다.
   거품이 충분히 올라오면 사워 크림을 넣어 고루 섞어준다.

02 밀가루와 베이킹 파우더는 섞어 체에 내려준다. 레몬은 껍질을 벗겨 껍질만 얇게 채 썬다(곱게 채로 나온 상태).

03 레몬을 둥글게 채 썰어 설탕과 물 각 1컵씩 넣어 함께 조려 준다(위에 얹을 용도).

04 '01'에 체에 거른 밀가루 '02'을 넣고 주걱으로 저어주다가 레몬 껍질을 같이 넣고 멍울 없이 재빠르게 섞어준다.

05 레몬향 가득한 반죽 '04'에 생크림을 섞어준다.

06 기름종이를 깐 직사각 틀에 반죽을 3/4정도 붓고 윗면을 고르게 한다.

07 170℃로 예열된 오븐에 30~35분 정도 굽다가 꺼내어 가운데에 칼집을 준 후 다시 5분 정도 더 굽는다.

08 레몬향 파운드 케이크를 식힘망에 식히다가 기름종이를 떼어낸 후 윗면에 조린 레몬을 얹어서 낸다. 조금씩 잘라 먹는다.

04 파프리카 베이컨 샌드위치

바게트 1줄, 베이컨 8줄, 수경 채소 80g, 홍파프리카 2개, 할라피뇨 피클 약간, 씨겨자 2큰술,
디종 머스터드 1큰술, 레드 와인 식초 2큰술, 찬물 2큰술, 다진 파슬리 1큰술, 소금, 후추

01 작은 볼에 씨겨자, 디종 머스터드, 레드 와인 식초, 찬물, 파슬리, 소금, 후추를 넣고 잘 섞는다.

02 바게트는 너무 딱딱하지 않은 것으로 고른다. 끝을 남겨두고 반으로 가른다.

03 베이컨은 프라이팬에 바삭하게 구워 기름기를 제거한다. 홍파프리카는 얇게 저민다.

04 수경 채소, 베이컨, 파프리카, 할라피뇨 피클을 넣고 머스터드 드레싱을 흘려넣는다.

05 먹기 편하게 바게트를 꾹꾹 눌러준다.

사과꽃 피는 계절에 만나요 사과향기

재작년 여름, 모 신문사에 요리에 관한 칼럼을 썼던 적이 있다. 봄부터 가을까지 약 칠 개월 동안 격주로 음식에 관한 글과 요리를 싣는 코너였다. 쓰고 싶은 것을 내 맘대로 정해서 에세이를 쓰고, 요리 레시피를 두 가지 정도 내는 일이었다. 그 칼럼에 쓰이는 사진까지 내가 다 찍어야 해서 좀 부담이 되었던 작업이긴 했지만 그 덕에 수동 디지털 카메라도 사고활동의 영역도 넓혀 나름 즐겼던 작업이었다.

아오리가 나오던 늦여름 즈음이었다. 어렸을 때 먹었던 연둣빛 사과, 그리운 그 풋사과의 맛 그대로는 아니지만 싱그러운 색과 맛 때문에 좋아하는 과일이었던지라 아오리 사과가 나올 즈음에 사과에 관한 칼럼이 쓰고 싶어졌다. 마트에서 사는 사과 말고 실제로 사과 농장에 가서 직접 따온 사과로 요리도 하고 사진도 찍기로 했다. 아, 근데 대체 어디로 가야 할까? 어딜 가야 좋을지 막막하기만 했다.

무작정 인터넷을 뒤졌다. 어떻게, 어떤 검색어로 찾았는지는 기억이 가물하다. 다만 추운 지역에 사과가 잘 자란다는 얘기에 비교적 북쪽에 위치한 멀지 않은 농장을 찾아 전화를 걸었다. 그들은 아오리 사과는 재배하지 않는다고 하시면서, 경기도 지역 농산물 관련 번호를 알려주셨다. 담당 직원에게 무작정 전화를 해서, 자초지종을 털어놓고 얻은 번호가 바로 가평군에 있는 사과 농장지기분의 전화였다. 전혀 얼굴도 본 적이 없는 분에게 대뜸 전화를 걸었다. 전화를 받는 분께서 참 친절하셨다. 가는 방법을 받아적고 우리 자매는 진교와 함께 가평군으로 향했다.

내비게이션도 없이 다니던 시절이었다. 주인아저씨께 여러 번 전화를 걸면서 무척 귀찮게한 후에야 겨우 도착할 수 있었다. 생각보다 훨씬 예쁜 사과 농장의 모습에 힘들게 찾아온 길이 고생스럽지가 않았다. 비가 와서 살짝 안개가 끼어 있던 먼 산의 운치 있는 모습, 그 아래로 작은 사과나무들이 쭉 서 있던 농장에 마음이 들떴다. 비를 맞아 촉촉히 젖어 있던 푸른 사과들이 참 예뻤다.

반갑게 맞아주시던 주인아저씨를 만나 뵌 후로는 정말 운이 좋았다라는 생각이 절로 났다. 직접 딴 아오리 사과를 사고 싶어서 왔다는 말에, 아직은 제대로 익지 않았다는 말씀을 하셨다. "앗, 마트에는 벌써 아오리 사과들이 나오고 있던데요?"라는 질문에 그저 "푸른 아오리보다는 살짝 붉은 기가 도는 사과가 훨씬 더 맛있어요"라는 말씀을 하셨다. 그때까지 따지 않고 좀더 기다려야 된다고 하셔서 아쉽게도 다음 기회를 기약할 수밖에 없었다.

음식을 하는 사람이라는 말씀을 드렸더니, 사과를 가지고 맛있는 음식을 많이 좀 개발해달라는 당부를 하셨다. 평소 서양요리에는 과일을 넣는 일이 친숙하지만, 한식에서 사과는 디저트로 껍질을 깎아먹는 정도에 그치는 것이 아쉽긴 했다. 그때 만든 요리가 돼지 안심을 구워 사과 소스를 곁들여먹는 고기 요리였다. 돼지 안심은 쇠고기 안심에 비해 굉장히 평가절하되고 있는 부위인 것 같다. 가격도 삼겹살의 절반 정도이고 연한 부위여서 장조림 외에 다른 식으로도 많이 먹었으면 한다. 돼지고기는 달달한 과일과 잘 어울리는 고기이다.

약 이 개월 후, 잡지에 사과로 만드는 음식과 디저트의 화보 촬영을 하러 갔다. 그때는 아오리는 다 따서 없었고, 홍로가 한창 먹음직스럽게 달려 있던 날이었다. 평소 우리나라에 자라는 사과는 아오리와 홍

옥, 그리고 부사가 전부인 줄 알았는데, 그때 맛본 홍로는 참 충격이었다. 어쩜 육질이 그렇게 단단하고 아삭하면서, 새콤함과 달콤함이 조화를 이뤘던지…… 그때부터 아저씨네 사과의 포로가 되었다.

그 후로도 여러 번 농장을 방문했다. 여름에는 작고 앙증맞은 꽃사과와 아오리, 좀더 있으면 홍로가 익고, 초가을에는 홍로보다 좀 덜 시고 단맛이 강한 감홍을 만날 수 있다. 늦은 가을에는 부사가 무르익어 겨울 내내 쉽게 접할 수 있다.

재작년 늦여름 촬영 때문에 갔을 때는 농장에서 뛰어놀던 닭을 잡아 삼계탕을 해주셨는데, 올해 다시 방문한 사과 농장에 식당은 없어졌다. 비가 왔던 날이어서 잡지 촬영 후 다들 피곤에 지쳐 있었을 때 약재와 함께 푹 익혀서 깔끔하고 개운한 삼계탕을 먹고는 다들 힘이 나서 서울로 돌아왔는데…… 많이 아쉽다. 대신 민박을 운영하고 계셨다. 처음 방문하는 사람은 사과 농장을 구경시켜주면서, 따먹고 싶으면 먹으라고 말씀하신다. 사과를 손바닥으로 잡고 사과꼭지 부분의 두툼한 마디를 엄지손가락으로 지탱하고 줄기가 난 반대 방향으로 꺾어주면 쉽게 툭! 하고 사과를 딸 수 있다는 것도 배웠다. 대충 옷에 쓱쓱 닦아서 입에 넣어보면 아삭하고 상큼한 맛이 입 안 가득 퍼진다. 아름다운 사과나무 앞에 서서 직접 딴 사과를 맛 보는 즐거움은 기대 이상이다.

처음 방문했던 날 첫눈에 우릴 사로잡았던 둥근 탑이 있어서 나중에 여쭤봤더니, 소 먹일 여물을 담아두던 저장고로 쓰이던 것이란다. 지금은 쓰지 않는 둥근 탑에는 빗물이 약간 고여 있고, 겉면에는 고운 이끼가 끼여 갈색과 푸른색이 뒤섞여 있다. 그러니까 원래는 목장 자리였더라는 얘기. 세월을 먹어 자연스럽게 변한 인공물이 그대로 남은 농장. 그래서, 뭔지 모를 멋스러움이 있었구나 하고 생각해봤다.

사과에 대한 이런저런 얘기를 나누던 중 첫 대면부터 알듯 모를듯 은은한 미소를 짓고 계시던 아저씨가 뒷산에서 따왔다는 모과를 차에 넣어놓으라고 주신다. 요리 촬영을 하는 우리에게 소사료 푸대가 있는데 하나 줄까 하고도 물어보신다. 거세게 고개를 끄덕이는 우리 자매를 보시더니, 오 분 후 내 나이보다 많은 사십 년 이상 된 소사료 푸대를 가져오신다. 아저씨의 아버지께서 목장을 하실 때 있던 것인데, 워낙 버리기를 싫어하시는 성품이셔서 이런 게 잔뜩 쌓여 있다고. 있는 줄도 모르다가 얼마 전 청소하다 발견하셨는데 촬영할 때 쓰면 좋지 않겠느냐면서 건네주신다. 과연, 커피 원두를 담을 때 쓰면 딱 어울릴 정도로 멋스럽고 빈티지한 소품이 될 듯하다.

항상 고운 미소를 띠고 있으셔서, 모든 게 다 좋으신가 보다 하는 추측을 했다. 그런데, 사과와 농장에 대한 질문을 한창 하고 있던 중, 답변을 하시면서 가족 얘기며 농장 얘기를 하시다가 사과 농사가 녹록하지 않다는 말씀을 하신다. 아들들은 모두 서울에서 공부를 하고 있어서, 아저씨가 농장일을 하기 힘들어지면 그 일을 물려받을 사람이 없을 것 같다고…… 아저씨도 원래는 서울에서 회사를 다니시다가, 아버지가 부르셔서 농장일을 물려받으신 건데 요즘 애들은 안 그럴 것 같다면서 한숨을 쉬신다.

사과꽃이 피는 5월 중순경부터 고된 일과가 시작된다. 꽃 하나에 사과가 다섯 개씩 열릴 수 있어서 맛있는 사과를 얻기 위해 꽃의 수를 제한해야 한다. 꽃을 많이 따서 버린 후, 수정을 시키고 또 열린 사과 중 제일 잘생긴 '중심과'를 제외한 사과를 쳐내야 한다. 높은 사다리를 타고 올라 일일이 손으로 해야 하는 작업이라 목디스크도 걸리시고 사다리에서 굴러떨어져 수술도 받으셨단다. 그렇게 새벽같이 일어나서 해 질 때까지 몇 개월을 사과에 매달린 한 후에야 비로소 수확의 기쁨을 맛보신다. 잠시 참으로 충만한 느낌을 받는 가을 철이지만, 수확하는 일 또한 노동이라서 마냥 즐겁지만은 않으시다고. 여전히 미소를 띤 얼굴에서 다른 모든 농부들의 고된 삶이 비쳐졌다. 다시 한번, 사과 한 알도 함부로 해서는 안 된다는 생각을 해본다.

저녁 무렵 도착한 옆방의 아가씨들이 잔디 깔린 마당에서 바비큐와 맥주 파티를 벌이고 있었다. 일주일 동안 힘든 일과를 마친, 막 삼십대에 들어선 아가씨들이 피로를 풀러 온 모양이다. 농장 안에 있는 민박이 흔치 않아서 많이들 찾고 있는 것 같다. 다음 번에는 우리도 그냥 사과 농장을 보고, 편하게 쉬러 오자고 언니와 눈빛으로 약속했다.

▌ 가평 사과향기　경기도 가평군 가평읍 승안리 325번지 농장지기 하태운 011-779-2751

02 01
03

01 강된장 근대 쌈밥 2인분

강된장, 근대 잎 20장, 고슬하게 지은 밥 2인분

01 근대는 소금물에 30초 정도 데쳐 찬물에 식혀놓는다.

02 도마에 근대 잎을 깔고 강된장 1/2큰술, 따뜻한 밥 2큰술을 올려 근대 잎을 잘 말아 도시락통에 담는다.

강된장 만들기

된장 4큰술, 쇠고기 양지 100g, 파 2개, 마늘 1쪽, 찬물 2컵, 다시마 7cm 크기 1장, 마른 멸치 10마리, 참기름 1/2작은술

01 찬물에 멸치를 넣고 육수를 낸다. 끓으면 다시마를 넣고 불을 끈다. 체에 걸러 맑은 육수만 걸러낸다.

02 쇠고기 양지는 칼로 다진다. 프라이팬에 소량의 식용유를 두르고 달달 볶는다.

03 파는 뿌리를 제거한 후, 둥글고 얇게 저민다. 마늘은 다진다.

04 소스 팬에 '01'의 멸치 육수를 넣고 된장을 푼다. 볶은 양지와 파, 마늘을 넣고 한소끔 끓인다. 먹기 전 참기름을 넣는다.

02 구운 돼지 목심 사과 샌드위치 2인분

돼지고기 목심 부위 300g, 간 양파 2큰술, 간 사과 2큰술, 소금, 후추, 사과 1개, 상추 80g, 강된장, 씨겨자 2큰술, 호밀 식빵 8장

01 돼지 목심은 간 양파와 사과즙에 1시간 이상 냉장고에 재워놓는다.
굽기 직전 즙을 제거한 후, 소금, 후추를 뿌려 프라이팬에 식용유를 두르고 지져낸다.

02 사과는 먹기 직전 4mm 두께로 얇게 저민다.

03 호밀 식빵에 씨겨자를 바르고 상추를 올리고 얇게 저민 사과, 구운 돼지 목심, 강된장을 발라 다른 식빵을 덮어 먹는다.
취향에 따라 강된장은 생략해도 좋다.

03 무알콜 사과 펀치 2인분

사과 1개, 진저 에일* 250ml, 탄산수(무가당) 250ml, 레몬 1개, 심플 시럽* 50ml(취향에 따라 가감), 민트 약간, 얼음 1컵

01 사과와 레몬은 깨끗이 씻는다. 사과는 먹기 좋은 크기로 잘라 유리 볼에 담는다.

02 레몬은 반은 즙을 짜서 유리볼에 넣고 나머지는 얇게 저며서 넣는다.

03 탄산수, 진저 에일, 얼음, 민트 잎을 넣는다. 심플 시럽은 취향에 따라 양을 조절한다. 잘 저어서 유리 잔에 담아 마신다.

● **진저 에일** 발포성 청량음료. 진저 비어(ginger beer)라고도 한다. 알코올 성분은 포함되어 있지 않으며, 진저(생강)를 주로 하고
레몬·고추·계피·클로브(clove, 정향) 등의 향료를 섞어 캐러멜로 착색시킨 것이다. 청량음료로 음용하는 외에 위스키와 같은 양주를 희석할 때도 사용된다.
● **심플 시럽** 설탕과 물의 부피를 동일하게 소스 팬에 넣고 한소끔 끓여 식힌 것으로, 아이스 커피에 타서 먹는다.

밤 따고, 표고버섯 먹고, 한우 맛보고 <금호농원>

어릴 적 섬마을에 살았던 적이 있다. 남해안 진도였는데 군부대가 섬을 지키고 있었고, 아버지는 그곳의 경찰지원대장이셨다. 가까운 이웃이라고는 할머니와 손자인 개구쟁이 머슴애 한 명이 살던 옆집이 전부였다. 아침에 일어나서 펌프 옆에 서서 왼손을 허리에 대고 오른손으로 칫솔을 들고 치카치카 하고 있을 때면, 그리 멀지 않은 바다에선 여객선이 지나가는 게 보였다. 눈이 많이 내렸던 겨울, 아침에 일어나면 온 세상이 하얀 도화지로 변신해 있는 곳이었다. 언니와 나, 그리고 옆집 남자애 셋이서 그 넓은 눈밭에 발자국으로 그림을 그렸다. 참, 그리운 어린 시절이다.

그래서일까? 어른이 된 후에도 어릴 적 보았던 그 넓은 바다의 푸른색이 그립다. 좀더 자라 지냈던 농촌의 풍경이 마음속에 자주 그려지고 자연에 안기고 싶은 마음이 일렁인다. 온종일 집 옆의 낮은 산에 가서 뛰어놀고, 무화과를 따먹고, 크리스마스 때는 꽤 먼 산에 가서 나무를 꺾어와 크리스마스트리를 만들었던 그 어린 시절의 우리의 모습이 눈에 선하다. 해질녘 노을을 보면서 느꼈던, 지금도 알 수 없고 그때도 알 수 없었던, 마음속을 먹먹하게 했던 뭔지 모를 감정들까지.

참 소중한 경험이었다. 그래서 진교도 가능하면 어릴 때 자연을 많이 접하게 해주자고 자매는 뜻을 모았다. 그리고 지금 이렇게 겨우 네 살이지만 농장 체험에 꼭 따라다니는 핵심 멤버로 자리 잡았다. 어른의 눈으로만 판단해, 우리의 욕심으로 진교를 데리고 다니는 게 아닐까 염려도 했지만 좋아하는 꼬맹이를 보니 비단 우리 자매의 헛된 욕심만은 아니었구나 싶다. 그중 밤 따기 체험은 진교가 가장 신이 났던 체험이었다.

산 하나가 아예 밤나무 천지인 곳이었다. 입구에 밤 봉지 한 개당 만원이라고 씌어 있다. 빨간색 작은 양파망를 건네받고 기다란 집게를 골랐다. 들뜬 마음으로 입구에 들어서는데 반대편 출구 쪽으로 쨍알쨍알 유치원생들의 목소리가 들린다. 막 체험을 끝냈나보다. 이가 빠진 개구쟁이들이 껑충껑충 뛰고 있다. 다들 신이 났다.

　　윤정 언니가 집게로 밤 줍는 걸 지켜보던 진교 꼬마도 따라 한다. 기다란 집게로 용을 써본다. 그 작은 손으로 동그란 밤을 집는 일이 쉽게 될 턱이 없다는 걸 깨달았을까? 꼬물꼬물 손을 놀려 밤을 주워담는다. 고놈 속도가 제법 빠르다. 이모랑 무언의 경쟁이 붙었다. 바닥에 떨어진 밤송이를 얼른 줍고 후다닥 뛰기 시작한다.

　　장대로 밤나무 가지를 건드려보기도 한다. 뾰족한 밤송이가 머리 위로 떨어질까 조마조마해하며 저쪽 멀리 있는 가지를 휘둘러보는데 후두두둑 밤송이 떨어지는 재미가 쏠쏠하다.

　　꾹꾹 눌러담고 내려오는데, 툭! 소리가 나서 돌아보니 밤송이가 톡! 떨어지는 소리다. 순간 머리 위에 안 떨어진 게 신기하고 다행이라고 가슴을 쓸어내렸다. '다음에는 모자를 꼭 챙겨와야지!' 하고 생각했다.

　　밤 농장에서 나오니, 작은 시골 장 같은 공간이 있다. 노란 박스에 담긴 유난히 색이 짙고 반들거리는 표고버섯을 구경하는데, 옆에 서 있던 아저씨가 표고버섯을 죽 찢어서 입에 넣어주신다. 헉, 그냥 손에 주시지…… 하면서 받아먹었는데 '표고버섯이 이렇게 향긋할 수가!' 하고 감탄한다. 그날 새벽에 표고버섯 농장에서 따오신 거라서 그렇게 생으로 먹어도 된다고 하신다. 백화점에서나 보았던 솔잎 위에 고이 몸을 누인 송이버섯 부럽지 않은 맛이라고나 할까. 어쨌든 표고버섯의 또다른 경험이었다.

　　한편에는 커다란 가마솥에서 하얀 김이 막 올라오는데, 사골로 곰국을 우려내는 중이란다. 그러고 보니 멀지 않은 곳에 축사가 있고 '음메' 하는 나른한 소 울음소리가 들린다. 이 농장은 밤도 기르고, 표고버섯도 기르고, 한우도 키운다. 다양한 종목으로 경쟁력을 갖추고 있는 셈이었다. 직접 키운 한우라서 정말 싼 가격에 먹고 갈 수 있다고 해서 식당으로 향했다. 서비스와 밑반찬이 썩 훌륭하진 않았지만, 맛과 가격만큼은 훌륭했다. 멀리 나와서 이런 착한 가격에 이렇게 맛있는 고기를 맛볼 수 있다니, 부지런한 농장 주인아저씨가 고마워지려 한다.

▌ **금호농원**　경기도 양평군 강하면 동오1리 104-1번지　031-771-4352

호박넝쿨 구비구비 잡초들의 천국 호박등불마을

단호박이 좋다. 볶아먹는 애호박이나 호박죽을 쒀먹던 늙은호박이 호박의 전부인 줄 알았는데 몇 해 전부터인가 먹으면 밤고구마 맛이 나는 단호박이 마구 당겼다. 애호박 볶음과 호박죽을 물론 좋아하긴 하지만, 잘 찌면 진초록색 껍질도 함께 먹을 수 있는 단호박 사랑이 시작된 거였다.

토마토 농장부터 시작해서 직접 농촌을 다니다보니, 호박 농장은 어떨지 궁금해졌다. 여기저기 뒤진 끝에 분당에서 그리 멀지 않은 곳에 위치한 호박등불마을의 호박 체험에 대한 신문기사를 접하게 되었다. 무작정 전화를 걸고 길을 나섰다. 한여름이었다.

마을 초입에 등잔 박물관이 있다. 왼편으로 정몽주 선생의 묘소를 지나 차를 좀 더 모니 소담한 밭들이 보이고 원두막과 컨테이너가 보인다. 전화를 받았던 분을 기다리는데, 갑자기 확성기 소리가 들린다. '흠흠, 청년회들은 오늘 점심을 노인회에서 만들었으니 먹으러들 오세요, 빨리 오세요.' 마침 식사시간인데, 참 정겨운 토요일 점심을 즐기겠구나 싶어 은근 부러워졌다. 함께하고 싶은 마음이 불쑥 든다.

마을을 한 바퀴 돌았다. 멋스러운 전원주택들이 늘어서 있다. 보통 농촌은 아닌 것 같다. 시골생활을 동경하던 이들이 주택을 짓고 서울로 출퇴근하는 게 아닐까 하는 생각을 하며 걷는데, 어릴 적 외가에 가서 보았던 초막집이 보이니 도통 감을 잡을 수가 없어진다.

나중에 만난 젊은 아주머니가 해답을 주었다. 호박등불마을은 동네의 수많은 집 중 여섯 부부가 뜻을 모아 체험할 수 있는 농촌을 만들어 2007년부터 '테마 마을'로 지정된 곳이란다. 젊고 패기 넘치는 이들이 터전을 잡고 특용작물이나 유기농 재배 등을 막 실천하기 시작했단다. 먼 길 왔다고, 냉장고에서 호박즙 팩을 꺼내 한 끝을 가위로 쓱쓱 잘라서 건네주신다. 좀 전에 봤던 초막집 얘기를 했더니 너털웃음을 지으신다. 아주머니 집이란다. 오랜만에 예전 집을 보니 감회가 새로웠다고 말을 건넸다.

시원하고 달달한 호박즙으로 한숨 돌리고, "호박밭은 어딘가요? 호박 체험이 있던데……"라고 말문을 텄는데, 아 글쎄, 일주일 전에 한차례 다 따버렸단다. 한여름 땡볕이 갑자기 어깨를 누르는 기분. 그래도 그다지 먼 길이 아니니 다음에 또 와야지 싶어 자주 전화해서 묻기로 한다.

진교가 낑낑대며 원두막에 올려달란다. 널찍한 원두막 한편에는 대형 선풍기가 돌고 있다. 안에 널려 있는 빨간 고추와 호박들을 말리는 중인가보다. 진교가 노는 걸 보시던 아주머니는 원두막을 마을의 청년회에서 만들었다고 뿌듯한 미소를 짓는다. 덧붙여 평일에는 다들 다른 직장에서 일을 하다가 주말에 모여 밭일을 하니 그게 쉽지가 않다는 말도……. 그래서 직접 만든 이런 것들이 그렇게 신기하고 자랑스러울 수 없단다. 이제 막 농작물 재배를 실험적으로 해보고 있어서 즐겁고 또 어렵다고.

원두막 안에는 처음 보는 호박들뿐이다. 단호박 종류로 백운장이라는데 진교 머리통만 한 크기의 회색빛이 도는 진록색 호박이다. 이런 단호박은 처음 본다고 하니, 마트에서 파는 단호박과는 비교가 안 될 정도로 맛있다고 한다. 맛이 어떨까 너무 궁금해서 일곱 통을 샀다.

여름철에는 진초록색에 길쭉한 모양의 달타령과 하얗고 짧고 통통한 백운장이 나오고, 좀더 지나면 가을에 수확하는 만차랑을 만날 수 있다. 만차랑은 짙은 초록색으로 수분 함량이 높고 당도도 높은 부드러운 종류. 원두막 앞쪽에 있는 밭에는 엄청 큰 호박이 뒹굴거리고 있었다. 생긴 것처럼 이름도 맘모스 호박인데, 식용은 아니란다. 먹기에는 살이 너무 무르고 맛이 진하지가 않다고 한다. 아주머니 말씀으로는 만차랑이 수분과 당도가 높아 부드럽게 먹을 수 있고, 백운장은 수분이 적고 당도는 적당한 편이고, 달타령은 그 중간 정도라고 했다. 가을에 수확되는 만차랑이 엄청 기대되기 시작했다.

진교가 갑자기 맘모스 호박 위에 올라가 놀기 시작한다. 내가 어렸을 때 기르던 진돗개 위에 올라가려고 낑낑댔던 기억이 난다. 왜 그랬는지 기억은 나지 않는 사건이지만, 아이들은 뭔가에 올라가는 걸 좋아하나보다 하고 결론을 지었다. 이모는 그런 진교가 귀여워 연신 사진 찍기에 바쁘다. 으이그, 떨어지면 어쩌려구, 그래도 요놈 진교 너무 귀엽다.

작업실에 돌아와 백운장의 껍질을 벗기고, 듬성듬성 썰어서 찬물을 넣고 호박죽을 끓였는데, 그 맛이 정말 기가 막혔다. 늙은 호박죽만 먹다가 처음 단호박 수프를 먹었을 때의 그런 놀라움과는 약간 다르지만, 여하튼 이렇게 진한 맛의 단호박이 있다니, 눈이 한 번 더 뜨이는 기분이었다.

두 달여가 지난 후, 전화를 걸었더니 호박등불마을에서 호박 따기 체험이 한차례 더 있을 거란 기쁜 소식을 전해준다. 즐거운 마음으로 용인쪽으로 차를 몰아 도착한 호박밭은 그야말로 잡초들의 천국이랄까? 농약을 전혀 치지 않고 기르는 호박들이기에 잡초들과 함께 여물어가고 있었다. 그렇다. 농약을 치지 않으면, 잡초들이 정말 활개를 치는 것이었다. 그 많은 잡초를 일일이 다 뽑을 수도 없었을 것이고. 뭐, 호박만 잘 자라면 되는 거지.

튼실하게 자란 늙은 호박과 만차랑을 가져올 수 있을 만큼 땄다. 진교도 돕겠다고 호박 줄기를 양손으로 잡고 낑낑대다가 결국에는 뒤로 엉덩방아를 쿵! 약간 서늘한 바람이 불던 초가을날 화창한 하늘 아래 호박밭에서 맘껏 뒹굴었다.

그 후 마트에 갈 때 가끔 달타령이 눈에 보이면 왜 그렇게 반갑던지. 주변에 장을 보고 있는 아주머니들에게 요놈 정말 맛있다는 말을 해주고 싶은 걸 참느라 힘들다. 각자 취향이 있는 거니까…… 하면서 근질거리는 입을 막고 돌아선다. 올여름 내내 그린테이블 자매는 호박등불마을에서 사온 백운장과 달타령, 만차랑으로 단호박 수프도 만들고, 오븐에 구워도 먹고, 감자와 함께 퓨레도 만들고, 호박 파이며, 샐러드며…… 참 알뜰살뜰 맛나게도 해치웠다.

▋**호박등불마을** 경기도 용인시 처인구 모현면 능원리 031-324-4023

01 단호박 파이 2인분

찐 단호박 퓨레* 1컵, 설탕 1/2컵, 계란 2개, 우유 2/3컵, 계핏 가루 1작은술, 녹인 버터 1작은술, 우유·계란 파이 반죽

01 파이 반죽을 3mm 두께 정도로 밀어, 파이 틀에 넣고 모양을 잡는다. 포크로 구멍을 내고 냉동실에 넣어 얼린다(줄어드는 걸 방지).

02 파이 반죽 위에 쿠킹 호일을 올리고 콩을 위에 담아 오븐에 넣고 15분간 177℃로 굽는다(콩이 파이가 마구 부풀어 오르는 걸 눌러줌).

03 단호박은 껍질째 찐 후, 속살만 긁어 볼에 담아 곱게 으깨고 체에 내려놓는다.

04 식힌 단호박 퓨레에 설탕, 계란, 우유, 계핏가루, 녹인 버터를 넣고 잘 섞어준다.

05 구워진 파이 껍질에 단호박 퓨레를 넣고 약 20~25분간 더 굽는다.

파이 반죽 만들기

박력분 250g, 설탕 5g, 계란 노른자 1개, 소금 약간, 우유 60g, 버터 130g(가염 버터인 경우, 소금을 넣지 않아도 됨)

01 버터는 차게 해서 작게 썰어놓는다.

02 볼에 밀가루, 설탕, 소금을 넣고 잘 섞는다.
버터를 넣고 손으로 더 잘게 뭉개는 기분으로 밀가루와 잘 섞는다.

03 널찍하고 평평한 곳(식탁 위)에 '02'의 혼합물을 붓고, 오른손바닥을 이용해 바닥에 밀듯이 치대준다.
너무 오래 반죽하지 않는다. 버터가 녹지 않도록 주의한다.

04 잘 혼합됐다면, 계란을 넣고 잘 푼 우유를 넣고 반죽한다. 너무 오래 반죽하면 글루틴이 형성되므로 질겨진다.

05 도톰한 원반형으로 모양을 만들어 랩으로 싼 후, 냉장고에서 30분 이상 숙성시킨다.

02 단호박 수프 4인분

단호박 500g , 양파 120g , 치킨 스톡 700ml, 올리브 오일 2큰술, 생크림 60ml

01 단호박은 껍질 벗겨 듬성듬성 썬다. 양파도 듬성 썬다.

02 냄비에 버터를 넣고 양파를 투명할 때까지 볶는다.

03 단호박을 넣고 저어가며 약 2분간 볶는다. 치킨 스톡을 붓고 은근한 불에서 끓인다.

04 단호박이 다 익었으면, 믹서기에 넣고 곱게 갈아 깨끗한 냄비에 돌려붓고 데운 생크림을 넣은 다음 한소끔 끓인다.

01 02 03

03 단호박잼

단호박 800g, 황설탕 240g , 찬물 500g

01 단호박은 껍질을 벗겨, 속의 씨 부분을 말끔히 제거한다.

02 단호박을 소스 팬˚에 담고, 찬물과 황설탕을 넣고 끓인다.

03 포크로 찔렀을 때 잘 으깨질 때까지 중간불에서 끓인 후 믹서기에 간다.

04 냉장 보관한다.

● **퓨레** 덩어리를 으깨어 걸쭉한 상태로 만들어놓은 것.
● **소스 팬** 소스를 만들 때 쓰는 팬으로 손잡이가 있고 바닥이 두툼한 것이 좋다.

저 푸른 초원 위에 개구쟁이 아기 목동 밀트스쿨 아트팜

모차렐라 치즈를 무척 좋아한다. 먹는 것도 좋아하지만, 정확히 말하면 만들기가 조금 더 즐거운 것 같다. 요리학교인 C.I.A.*를 다니던 도중 익스턴십*을 했던 곳에서 모차렐라 치즈를 곧잘 만들곤 했다. 메뉴판에 정해진 메뉴 외에, 셰프는 스페셜 메뉴를 몇 종류씩 선보였다. 특정한 재료가 제철을 맞이했거나, 좋은 재료가 들어오면 그 재료로 오늘의 스페셜(Today's special) 메뉴를 만든 것이다. 가끔 프레시 모차렐라 샐러드를 내곤 했는데 당시 가르드망제 스테이션*에서 일을 하던 내 몫의 요리 중 하나였다. 모차렐라 치즈 만들기는 본래 셰프(주방장)나 수셰프(sous chef, 부 주방장)의 몫이었지만 나는 그게 그렇게 만들어보고 싶었다. 나도 모르게 굶주린 눈빛으로 만드는 모습을 쳐다봤나보다. 셰프가 툭 던지는 말로 "은희, 너 한번 만들어볼래?"라고 하길래, 얼른 고개를 끄덕이며 그렇다고 했다.

　　엄청 큰 스테인리스 볼에 뜨거운 물을 담고, 소금도 왕창 집어넣었다. 우유에 응고제를 넣어 생긴 침전물인 커드(Curd)를 조각조각 나눠 뜨거운 물에 넣었다. 손에 비닐장갑을 두 겹으로 끼고 마지막으로 두툼한 고무장갑을 꼈다. 뜨거운 물에 담긴 커드는 금세 흐물흐물해진다. 양손을 넣고 서둘러 주물주물하고 둥글게 모양을 잡아 살짝 주먹을 쥐었다. 엄지와 검지로 만든 원 사이로 모차렐라 치즈가 튀어나오게 만들고 엄지와 검지를 좀 더 꽉 쥐면 치즈가 툭 떨어진다. 간단하지만 뜨거워 위험한 작업이었다. 얼굴에 김이 서릴 만큼 더웠지만 더할 나위 없이 즐거웠다. 한 덩이 쏙 집어먹으면 보들보들하고 고소한 맛이 입 안 가득 퍼졌다. 그 후로 모차렐라 치즈 샐러드가 스페셜로 만들어지는 날에는 치즈 만들기는 내 몫이 되었다. 커드를 주물주물해서 그럴싸한 모차렐라 치즈로 변신시키는 일은 참 즐거운 일이었다. 그 맛이 그리웠다. 파는 모차렐라 치즈는 고소하고 보들보들한 맛이 떨어지니까. 그렇다고 만들어먹자니 커드를 구할 수도 없고……. 만들기 그리 어려운 것도 아니지만 그때는 커드가 어떻게 만들어지는지 잘 몰랐기 때문에 모차렐라 치즈를 만든 경험도, 즉석에서 느낀 그 맛도 특별하고 즐거웠다.

* **C. I. A.** The Culinary Institute of America의 약자로 미국 뉴욕주 하이드파크(Hyde Park)에 위치한 요리학교로, Culinary(조리)와 Baking & Pastry(제과·제빵) 분야로 나뉘어 있다.
* **익스턴십** C.I.A.를 졸업하려면, 꼭 외부에 나가서 인턴십으로 18주를 성공적으로 마치고 돌아와야 했다. 레스토랑, 잡지사 등 요리에 관련된 분야에서 일을 하고, 평가를 받아야 한다.
* **가르드망제 스테이션** 요리사가 레스토랑에서 일하는 한 분야로, 샐러드, 테린 등 차가운 전채요리를 담당하는 부서.

낙농 체험을 하는 목장을 찾았다. 나처럼 목장에 가고 싶어하는 사람이 꽤 많은지 인기만발이라 예약하기가 쉽지 않았다. 원래 가고 싶던 곳은 좀더 다양한 치즈 만들기 체험이 있는 곳이었지만, 이미 예약이 다 끝난 상황이라 택한 곳이 아트팜 목장이었다. 아, 그런데 다 인연이란 게 있는 모양인지, 참 좋은 곳이었다.

경기도 포천시에 있는 아트팜은 약 한 시간 삼십분을 달린 끝에 도착할 수 있었다. 중간에 이정표를 따라가는데 갑자기 산속 길로 접어들었다. 차선도 희미할 정도로 낡은 도로 위를 가다보니 갑자기 확 트인 녹색 잔디밭이 눈앞에 펼쳐진다. 축구 골대와 우직한 젖소가 먼발치에서나마 보인다. 자세히 보니 진짜 소가 아니라 모형물이지만 말이다. 이미 앞서 도착한 가족들이 꽤 많았다. 체험 시작 시간이 겨우 이십 분밖에 안 남아서 서둘러 안내소를 찾았다. 낙농 체험과 치즈 체험을 모두 신청하고 밖에 있는 벤치에 앉아 기다렸다.

몇 가지 프로그램이 있는 모양이다. 두 명의 남자분이 프로그램을 진행하러 나와 반갑게 인사를 했다. 파란색 반원 안에 나 있는 홈에 목장에서 짠 신선한 우유, 생크림, 초코 시럽 등을 넣고 밀봉한 후, 주위에 얼음을 채워넣고 소금을 넣은 다음 나머지 반원을 돌려덮어 둥근 공 모양으로 조립한다. 아이스크림을 만드는 거였다. 전에 어머니가 아이스크림을 집에서 만들어주신 적이 있었는데, 재료를 스테인리스 볼에 넣고 냉장고에 넣었다가 거품기로 젓고, 다시 넣었다가 젓고를 반복했던 기억이 났다. 볼을 흔들어주면 속에서 아이스크림이 만들어지겠지 싶어 손으로 흔들었다. 그런데 프로그램 담당자 분들이 일어나서 축구공처럼 차면서 격렬하게 굴려야지 아이스크림이 만들어진다고 한다. 진교는 어리고, 윤정 언니와 이모인 나, 그린테이블 스태프들은 운동하는 걸 무척 싫어하는 몸치여서 무척 난감해했다. 진교는 제법 강아지처럼 즐겁게 공을 찼다. 힘겹게 한 이십 분 정도가 지나고 뚜껑을 여니 제법 그럴싸한 초코 아이스크림이 나온다. 종이컵에 담아먹는데 상큼한 맛이다. 더운 날씨에 몸까지 움직인 후라 아이스크림이 참 시원하고 달다.

그 다음부터 송아지 우유 주기, 젖소 젖 짜기, 트랙터 마차 타기 등이 순서대로 이어졌다. 송아지 우유 주기는 진교가 제일 좋아했고, 텔레비전에서나 보던 젖소 우유 짜기는 배운 대로 하니 생각보다 쉬워서 신기하고 재미있었다. 우리 셋 다 좋아했던 건 바로 트랙터 마차 타기였다. 트랙터에 실려 비탈길을 천천히 올랐다. 예전에 성황당이었던 갈림길에서 돌아서 내리막길을 전속력으로 달렸다. 바람을 가르고 나는 기분, 눈썹이 휘날리는 건 기본, 눈 뜨기가 힘든 정도여서 트랙터에 탄 사람들은 비명과 함께 웃음을 터뜨렸다. 평지에 도착하면 빙글빙글 돌려주기도 하고…… 목장이 갑자기 놀이공원으로 탈바꿈한 기분이었다. 반응이 너무 좋았던지 두 바퀴 더 돌려주셨다. 나중에 보니, 트랙터를 운전하시던 분도 이사 중의 한 명이어서 놀랐다. 시작한지 몇 달이 안 되어서 다들 직접 발 벗고 열심히 하고 있다고. 찾아오신 분들이 고마워서 열심히 트랙터를 돌리고 있다고 하신다. 젊은 낙농인들이 모여서 해외연수도 다녀오고 새로운 프로그램도 개발하고, 체험 목장으로 키워나가기 위한 야심찬 계획을 실천하고 있는 곳이었다.

넓고 푸른 잔디밭에서 가을 햇살과 바람을 맞으며 시간을 보내고 난 후, 드디어 치즈 만들기 체험 시간이 왔다. 손에 목장갑을 끼고 고무장갑을 낀 후 소독액에 손을 담그고 가족 별로 싱크대 앞에 섰다. 커드를 뜨거운 물에 넣고 쭉쭉 늘려 엿가락처럼 만들어보라고 했다. '에잉, 치즈는 자꾸 늘리고 만질수록 질겨지는데…… 몇 번만 작업해서 모차렐라 치즈처럼 만들어먹으면 진짜 맛있을 텐데.' 또 직업병이 발동했다. 그래도 쭉쭉 늘리면 쫀득한 맛은 더 생길 테고 아이들이 참 재밌어하겠구나 하는 생각은 들었다. 아이뿐 아니라 어른들도 두부처럼 생긴 커드가 따뜻한 물을 만나 껌처럼 쭉쭉 늘어나는 게 참 신기한 모양이다. 안타깝게도 진교는 너무 어려서 직접 만들어보지는 못했다. 대신 이모가 열심히 치즈가락을 늘어뜨렸다.

포천하면 막걸리가 떠오르곤 하는데, 역시나 직접 만든 치즈(스트링 치즈)와 간단한 샐러드를 먹고 있자니 진행하시는 분들이 막걸리를 조금씩 따라주신다. 왠지 포천에서 마셔서 그런지 정말 구수하고 맛있는 느낌. 돌아오기 전 못내 아쉬워서, 혹시 커드를 좀 살 수 있느냐고 물었다. 왜 그러시냐, 원래 팔지 않는다는 대답에 모차렐라 치즈를 만들고 싶다고 하니 500그램 정도 팔 수 있다고 했다.

작업실에 돌아와 냉장고에 커드를 넣어두었다. 내일은 오랜만에 모차렐라 치즈를 만들어야지 하고 생각했다. 점심에 샐러드로 방울토마토, 바질, 모차렐라 치즈를 듬성듬성 썰어 발사믹 드레싱을 뿌려먹을 생각에 하니 벌써 입에 군침이 고였다.

▌밀크스쿨 아트팜 경기도 포천시 영북면 소회산리 119-3 www.art-farm.kr 031-536-5216

01 카프리제* 샐러드 2인분

생 모차렐라 치즈 100g, 방울토마토 20개, 바질* 잎 5장,
발사믹 드레싱(발사믹 식초* 1큰술, 올리브 오일 1큰술, 다진 양파 1작은술, 다진 파슬리 1작은술, 꿀 1/2작은술, 소금, 후추)

01 생 모차렐라 치즈는 한입 크기로 자르고, 방울토마토는 반으로 가른다.

02 바질 잎은 대충 썬다.

03 발사믹 드레싱 재료를 작은 볼에 넣고 거품기로 잘 젓는다.
   모차렐라 치즈, 토마토, 바질 잎을 넣고 살살 버무려 접시에 담아낸다.

02 베이컨 단호박 샌드위치 12개

식빵 6장, 단호박 500g, 베이컨 5장, 다진 양파 1/4컵, 마요네즈 1/4컵, 레드 와인 식초 1큰술,
씨겨자 3큰술, 다진 파슬리 1큰술, 소금, 후추

01 단호박은 껍질을 벗겨 동일한 크기로 자른 후, 소금물에 삶아낸다. 포크로 재빨리 으깬다.

02 으깬 단호박이 뜨거울 때 다진 양파를 넣고 잘 섞어둔다.

03 베이컨은 프라이팬에 바삭하게 구워 기름기를 제거한 후 5mm 두께로 잘라놓는다.

04 볼에 단호박, 베이컨, 마요네즈, 레드 와인, 씨겨자, 파슬리를 넣고 버무린다. 소금, 후추로 간을 맞춘다.

05 식빵을 깔고 '04'의 단호박 혼합물을 펴바른다. 다른 한 장을 덮고 먹기 좋은 크기로 4등분한다.

* **카프리제** 이탈리아의 대표적인 샐러드로 생 모차렐라 치즈와 토마토, 바질 잎을 넣어 섞어 만든다.
* **바질** 허브의 한 종류로 이탈리아 요리에 많이 쓰인다. 토마토 소스 파스타 등에 많이 쓰인다.
* **발사믹 식초** 레드 와인 식초를 오크통에서 장기간 숙성시켜 만든 식초로 맛이 강하고 검은색이다.

껍질이 새파란 귤을 먹을 수 있다고? 최남단 체험감귤농장

처음으로 세 식구가 함께 여행을 하게 된 윤정 언니네. 형부네 회사에서 휴가로 제주도 콘도 휴양권을 주었다. 마침 아이들이 방학인 둘째 하정 언니네도 함께 가기로 결정했다.

떠나요 둘이서 모든 걸 훌훌 버리고 / 제주도 푸른 밤 그 별 아래 /……/ 낑깡밭 일구고 감귤도 우리 둘이 가꿔봐요.

아이들은 아이들 나름의 기대감으로, 어른들은 '제주도의 푸른 밤'을 흥얼거리며 떠나는 한여름 제주도 행은 마냥 즐겁기만 했다. '제주도 푸른 밤'에 세뇌를 당해서일까? 제주도 하면 감귤이 제일 먼저 떠오른다. 사박오일의 여름휴가 동안 꼭 하고 싶은 일이 생겼다. 바로 감귤 농장 체험! 파란 바다, 시원한 바람, 반짝이는 감귤나무의 잎사귀가 우릴 반기고, 노란 감귤을 톡 하니 따서 손으로 말랑하게 만든 후 껍질을 까서 입에 넣으면 얼마나 시원하고 달까 하는 생각에 입 안에 절로 군침이 돌았다.

난생 처음 비행기를 타는 진교는 유난히 얌전한 모습이었다. 애교쟁이, 수다쟁이 진교는 이상하게 교통 수단에만 몸을 실으면 조용한 아이로 돌변한다. 빨간색 담요에 머리를 기대고 울지도 않고 이착륙시에도 잘 버틴다. 내려서는 다시 활발한 진교로 돌아와 한참을 비행기를 탔다고 몇 번이나 좋알거린다. 요 꼬맹이는 제가 하늘을 날았다는 걸 과연 알기는 하는 걸까?

공항에 내려, 제주도 지도며 정보가 실린 자료를 찾아보았다. 과연, 가이드북에는 여행, 식사할 곳, 박물관 정보 등이 상세하게 실려 있다. 둘째 날 감귤 농장 체험을 하기로 결정하고 숙소로 이동했다.

아침 일찍 밥을 먹고 바닷가로 가서 바닷물에 발을 담가본다. 진교한테는 두 번째 바다 행이다. 아주 어렸을 때, 유모차에 실려 대천 바다에 놀러 간 적이 있다. 그때는 파도를 엄청 겁냈는데, 누나들이 재밌게 노니까 저도 신이 났다. 자꾸 우~우~ 한다. 아쉽게 바다를 뒤로하고 전날 전화를 했던 감귤 농장으로 향한다.

제각각으로 생긴 현무암을 쌓아 만든 돌담 너머 진초록색의 감귤나무가 보이니 아이들이 환호성을 한다. 입구로 들어가니 주인아주머니께서 반기신다. 곤충 체험관과 감귤 체험장으로 나뉘어 어딜 가야 될지 잠시 망설였더니, 대부분의 사내아이들이 감귤 농장 체험을 좋아하지 않아서 곤충 체험관을 만들었다는 설명을 해주신다. 노지 감귤나무와 곤충 체험관을 뒤로하고 비닐하우스로 안내받았다. 하얀색 플라스틱 바구니를 큰조카 채연이가 들고 앞장선다. 맘껏 따서 나중에 무게를 재고 사가는 방식이다. 아쉽게도 따서 먹는 것은 금지되어 있단다.

앗, 그런데 감귤이 죄다 덜 익었는지 진초록색이다. 주인아주머니께서 옆에 계셔서 이걸 어떻게 먹냐고 물어보았더니, 갑자기 감귤 하나를 따서 껍질을 벗기더니 먹어보라 하신다. '우아, 정말 맛있는데요!' 의아한 표정의 우리가 웃기신지, 비닐하우스에서 자란 귤은 여름에 파란색이어도 먹어도 된다면서 웃으신다. 그래서 아까 노지 감귤나무가 아닌 비닐하우스로 안내하셨나보다 하고 정리가 된다. 사실 확 트인 감귤나무에서 귤을 따고 싶어서 못내 아쉬워했는데, 그 귤은 겨울철에야 제대로 익는다고 하니 이해가 된다.

주인아주머니가 귤 따는 법을 설명과 함께 보여주시고, 그대로 따라하니 꽤 쉽다. 조카들도 잘 따라한다. 사과 따는 것과 참 닮았다. 귤을 손에 쥐고 엄지손가락으로 줄기의 마디부분을 반대방향으로 살짝 꺾으니 톡 하고 떨어진다. 생전 처음 녹색 귤을 마구 땄다. 그러면 안 되는데 아까 아주머니께서 보여주신 귤 맛을 잊지 못해서인지, 조카 채민이는 슬금슬금 눈치를 보면서 한두 개씩 귤을 까서 입에 넣는다.

금세 흰 바구니 가득 채워졌다. 저울로 들고 가 계산을 했다. 편하게 앉아서 먹을 공간이 마땅치 않아서 서둘러 차에 탔다. 아직 환한 한낮 오후, 여행지에서 할 일은 빈둥대는 것. 바닷가로 다시 돌아가서 오후의 따뜻한 바다 햇살을 한껏 만끽했다. 물론, 이동하는 내내 차에서 귤을 까먹었음은 안 봐도 환한 일. 차 안에 녹색 귤 껍질이 가득 뒹굴었다.

❚ **최남단 체험 감귤 농장** 제주도 중문 서귀포권의 남원 064-764-7759

제철 재료와 활용 식단, 그리고 각 농장 방문 시기

	1월	2월	3월	4월	5월	6월
제철 식품	**채소** 우엉, 연근, 당근 **해산물** 굴, 조개관자, 문어, 해삼, 대구, 명태, 빨간도미, 옥돔, 아귀, 개조개, 가자미, 청어 **과일** 귤, 레몬	**채소** 쑥갓, 시금치, 고비, 봄동, 참취, 순무, 양파, 달래 **해산물** 청각, 다시마, 파해, 전복, 굴, 꼬막, 홍어, 홍합 **과일** 사과, 귤, 레몬	**채소** 봄동, 돌미나리, 달래, 냉이, 씀바귀, 고들빼기, 쑥, 땅두릅, 원추리, 고사리 **해산물** 물미역, 톳, 굴, 바지락, 대합, 모시조개, 피조개, 도미, 꼬막, 임연수어 **과일** 딸기, 금귤	**채소** 양상추, 껍질콩, 머위, 죽순, 취, 쑥, 상추, 봄동, 두릅, 그린아스파라거스 **해산물** 도미, 조기, 뱅어포, 병어, 키조개, 김, 갈치, 고등어, 꽃게, 주꾸미 **과일** 딸기, 금귤	**채소** 양배추, 고구마순, 완두, 미나리, 참취, 도라지, 파, 상추, 양파, 마늘, 더덕, 마늘종 **과일** 딸기, 금귤	**채소** 셀러리, 껍질콩, 오이, 청둥호박, 양파, 근대, 부추, 감자 **해산물** 흑돔, 전복, 민어, 병어, 준치, 삼치, 전갱이, 오징어, 바닷가재 **과일** 토마토, 참외, 매실
제철 음식	뿌리채소를 이용한 조림, 굴전, 아구찜, 명태양념장구이, 당근찜, 문어초회, 가자미식해, 청어소금구이, 명란두부탕	봄동겉절이, 쑥갓무침, 시금치무침, 다시마쌈, 순무김치, 파래무침, 호두사과샐러드, 꼬막양념찜, 홍어찜, 홍합버터볶음	봄나물 요리, 조개탕, 도미찜, 냉이된장국, 미나리강회, 꼬막무침, 달래무침, 대합국, 대합구이, 두릅숙회, 두릅초무침, 파래무침, 돌미나리무침, 쑥국, 달래오이무침, 원추리나물, 바지락솥밥, 도미탕수, 고사리나물	죽순채, 두릅숙회, 조기매운탕, 탕평채, 죽순조림, 북어구이, 청포묵무침, 꽃게장, 꽃게해물탕, 뱅어포구이, 뱅어포 튀김, 주꾸미볶음	미나리강회, 마늘종볶음, 도라지무침, 오징어불고기, 홍어회, 취나물비빔밥, 취나물, 자반고등어찜	부추전, 생채, 채소샐러드, 삼치엿장구이, 병어구이, 근댓국, 오이무침, 오징어링튀김
명절 세시 음식	**정월 초하루** 떡국, 떡만둣국, 수정과, 산자, 절편, 깨강정, 갈비찜, 빈대떡	**정월 대보름** 오곡밥, 김, 시래기, 취, 호박고지, 고사리, 도라지, 마른가지	**삼짇날** 진달래화전, 수면, 탕평채	**한식** 쑥떡, 쑥단자, 한식면		**단오** 수리취절편, 제호탕, 도미찜, 준치국
마른 반찬	민어포, 대구포	다시마튀각, 김부각	육포, 어포, 김자반	뱅어포구이, 북어포무침	멸치볶음, 마늘종새우볶음	뱅어포구이, 노가리튀김, 북어보푸라기, 오징어채볶음
김치	봄동김치, 청각김치, 움파김치, 톳김치	굴깍두기, 양파겉절이, 순무김치, 부추겉절이, 전복김치, 냉이김치	쪽파김치, 고들빼기김치, 돌나물김치, 죽순김치, 두릅김치, 유채김치, 달래김치	상추겉절이, 고구마순김치, 더덕김치	열무김치, 인삼김치, 부추김치	얼갈이김치, 갓김치, 오이소박이
장아찌	다시마장아찌, 호두장아찌	두부장아찌, 파래장아찌, 달래장아찌, 무말랭이장아찌	죽순장아찌, 쪽파장아찌, 굴비고추장장아찌	더덕장아찌, 고구마장아찌, 마늘종장아찌, 풋마늘대장아찌	마늘장아찌, 마늘종장아찌	고추장아찌, 매실장아찌, 참외장아찌
젓갈	명란젓, 창란젓, 어리굴젓	멍게젓	조기젓, 오징어젓, 꼴뚜기젓, 곤쟁이젓, 뱅어젓	멸치젓, 꼴뚜기젓, 황석어젓, 조개젓, 대합젓, 홍합젓	멸치젓, 조기젓, 소라젓	갈치젓, 새우젓
장	호박고추장, 청국장	간장	통밀장, 된장, 간장	통밀고추장, 막장	통밀고추장	
갈무리	귤주 담그기	김부각, 다시마튀각 등 마른반찬 만들기	쑥 말리기	취, 고사리, 산나물, 가죽나물, 고비 등 나물 말리기	고사리, 더덕, 도라지 등 나물 말리기	매실청 · 매실잼 만들기, 매실주 담그기

7월	8월	9월	10월	11월	12월
채소 부추, 양상추, 가지, 피망, 애호박, 노각, 열무 **해산물** 장어, 홍어, 농어, 갑오징어, 병어 **과일** 수박, 딸기, 참외, 산딸기, 자두, 아보카도	**채소** 오이, 풋고추, 열무순, 양배추, 깻잎, 감자, 고구마순, 옥수수 **해산물** 전복, 성게, 잉어, 장어, 전갱이 **과일** 멜론, 복숭아, 포도, 수박	**채소** 고구마, 풋콩, 토란, 느타리버섯, 당근, 붉은고추, 감자, 표고버섯 **과일** 사과, 감, 밤, 대추	**채소** 송이버섯, 고추, 팥, 무, 느타리버섯, 양송이버섯, 고들빼기 **해산물** 꽁치, 고등어, 청어, 갈치, 연어, 대하, 홍합 **과일** 사과, 감, 밤, 대추 **기타** 유자, 오미자, 모과	**채소** 브로콜리, 배추, 무, 연근, 당근, 우엉, 파, 늙은호박 **해산물** 옥돔, 방어, 연어, 참치, 참돔, 대구, 성게, 오징어 **과일** 배, 사과, 귤, 키위 **기타** 은행, 유자	**채소** 콜리플라워, 산마 **해산물** 굴, 홍게, 영덕게, 꽃게, 방어, 넙치, 복어, 문어, 맛살조개, 가자미, 낙지, 미역, 주꾸미, 가오리, 꼬막, 김 **과일** 귤, 바나나
채소볶음, 가지볶음, 장어구이, 과일샐러드, 오이냉국, 피망전, 호박된장찌개, 가지구이, 오징어고추장찌개, 병어매운탕, 꽈리고추멸치볶음, 풋고추마른오징어조림	매운탕, 육개장, 삼계탕, 옥수수버터구이, 깻잎튀김, 고구마순볶음, 감자샐러드, 감자탕, 감자전, 열무·오이물김치, 열무된장국, 열무물냉면, 옥수수수프, 전갱이조림	버섯잡채, 버섯탕, 토란대무침, 추어탕, 콩조림, 감자수제비, 감자조림, 토란탕, 도토리묵무침	무생채, 등푸른생선구이, 갈치조림, 송이버섯구이, 연어구이, 밤컵케이크, 대하찜, 홍합조림	배추속댓국, 연근조림, 우엉볶음, 대구맑은탕, 동태국, 코다리찜, 무조림, 무나물	꽃게탕, 굴파강회, 꼬막무침, 가자미식해, 미역초무침, 동태찌개, 김무침
삼복 개장국, 육개장, 삼계탕	**칠월칠석** 밀국수, 밀전병, 증편, 개피떡, 오이김치, 복숭아화채		**추석** 토란국, 송편, 생선전, 삼색나물, 나박김치 **중구절** 국화주, 국화전, 유자화채, 호박떡		**동지** 팥죽, 동치미
멸치볶음, 마른오징어볶음	풋고추부각, 깻잎부각, 민어포	보리새우볶음	대구포, 고추부각, 깻잎부각		육포, 어포, 김부각
열무김치, 풋고추김치	백김치, 호박김치, 박김치	갓김치, 고춧잎김치	도라지김치, 고들빼기김치	총각김치, 포기김치, 깍두기, 섞박지	미역김치, 파래김치
고추장아찌, 깻잎장아찌, 오이지, 오이장아찌, 노각장아찌	참외장아찌, 수박껍질장아찌, 오이장아찌, 고추장아찌	토란장아찌, 도라지장아찌, 무말랭이장아찌, 통마늘장아찌	고춧잎절임, 송이버섯장아찌, 무장아찌, 짠지, 단무지	묵장아찌, 배장아찌, 사과장아찌, 김장아찌	시래기장아찌, 겨울배추장아찌
토하젓, 곤쟁이젓	오징어젓, 대합젓		오징어젓, 대구모젓, 게젓, 어리굴젓	석화젓, 전복젓, 명란젓, 창란젓	굴젓
	밀장, 참게장	보리고추장	청국장, 참게장		청국장
깻잎 말리기, 산딸기주·자두주 담그기	애호박·도라지 말리기, 복숭아주·포도주 담그기	가지·무·고구마순·박고지·고춧잎·호박·늙은호박·들깻잎 말리기, 국화주·포도주·머루주 담그기	토란대·곶감·버섯·황률·대추 말리기, 모과주·오미자주 담그기, 사과잼·유자차 만들기	무·무청 말리기, 사과주·모과주 담그기	귤껍질 말리기, 귤차 만들기

■ 일부는 http://blog.joins.com/kowol88 에서 자료를 참고했습니다.

그린테이블의 농장 찾는 방법

01 산지를 찾기 전 여러 종류를 한꺼번에 수확하는 곳보다는 단일 품종에 주력하는 곳을 찾습니다. 가서 농장지기에게 출하 식품의 얘기를 듣다보면 정말 박식한 정보를 얻게 되는 경우가 많습니다. (포도 농장과 사과 농장의 경우가 그 예이지요.)

02 일단 방송에 너무 많이 나온 곳은 조금 피하는 편입니다. 가끔 너무 상업적이라는 생각이 들 때도 있습니다. (물론 다 그렇지는 않지만 말이죠.)

03 컴퓨터를 이용해 농장을 찾을 때에는 저희는 개인의 블로그를 이용하기보다는 직접 농장의 홈페이지들을 방문해봅니다. 대체적으로 블로그에는 그 산지의 전화 번호나 위치가 정확하게 제공되지 않아 시간 낭비하는 경우가 많습니다. 직접 농장의 홈페이지를 보며 홈페이지 관리가 잘 되어 있는 곳을 찾아봅니다.

04 때로는 각 시청의 홈페이지에도 방문해봅니다. 시청 홈페이지에도 각 지역을 대표하는 식품들에 대한 산지 정보가 나와 있습니다.

05 또한 각 지역을 방문 시 그 지역의 관광 브로슈어를 참고해보는 것도 유용합니다. 제주도의 귤 농장의 경우도 공항에서 내려 공항에 비치되어 있는 관광가이드를 참조해 다녀보니 편리했습니다. 물론 농장을 미리 다녀온 지인이 안내해주는 곳이라면 더할 나위 없겠지만 말이죠.

06 명확하게 가고자 아는 농장이 생겼다면 농장에 전화해봅니다. 위치 확인과 방문 날짜를 예약하는 것이 좋습니다. 사전 확인 없이 방문했다가 수확 날짜가 맞지 않아 그냥 돌아와야 하는 경우도 발생할 수 있습니다.

도시락 싸는 방법

01 야외에서 도시락을 먹게 될 때에는 맛을 유지하는 것도 잊지 말아야 할 게 그곳에 편히 앉아 식사할 곳이 있는 지를 체크하는 겁니다. 없다면 넓은 깔개가 필요할 것이고, 살짝 무릎을 덮을 수 있는 덮개도 필요할 것입니다. (추운 경우가 많습니다.)

02 식사만을 한꺼번에 위생적으로 보관할 수 있는 보관함이 필요합니다. 경부선 고속버스 터미널 3층 조화 코너 나 반포지하상가에서 1만5천 원에서 2만 원 정도면 뚜껑 있는 나무 바구니를 구입할 수도 있고, 또는 집에 하나쯤은 가지고 있을 법한 플라스틱 보관바구니를 활용해보는 것도 좋은 방법입니다.
동대문 천 시장이나 경부선 고속버스 터미널 2층에서 4천 원에서 6천 원이면 산뜻한 천 1마 구입할 수 있습니다. 마련한 천으로 보자기처럼 싸듯이 묶어서 나가면 기분 또한 산뜻해질 겁니다.

03 이렇게 피크닉에 필요한 도구들은 다녀온 후에도 세척 후 피크닉 박스 안에 잘 정리해두는 것이 좋습니다. 매번 출발 전은 바쁘기 마련이지요. 한곳에 잘 챙겨두면 허둥지둥 이곳저곳을 찾아보지 않아도 될 거예요.

04 계절이 여름이라면 아이스박스를 준비해야 합니다. 음식이 상할 염려도 없고 또한 얼음도 챙길 수 있어 더위 해소에 좋습니다. 또한 시원한 계절에도 음식이 상할 우려가 많으니 상하기 쉬운 메뉴는 피해서 구성해야 합니다. 계절이 겨울이라면 보온통에 뜨거운 미소국 정도 함께 준비해보십시오. 또한 따뜻한 코코아는 차가운 몸에 따뜻한 온기를 줄 것입니다.

part 2

제철 재료로 승부하는
2인 2색 맛 대결

음식 솜씨 좋기로 소문난 푸드스타일리스트 언니 윤정과
뉴욕 C.I.A.에서 서양요리를 공부하고 돌아온 요리사 동생 은희.
봄, 여름, 가을, 겨울, 각 계절별 대표 식재료 16가지를 활용해
한식과 서양식 두 버전으로 요리합니다.
32종의 먹음직스런 요리가 이제 펼쳐집니다.

봄나물

돌나물 칼슘과 인 비타민C를 많이 함유하고 있으며 뼈와
근육의 스태미너 식품이다.

달래 칼슘이 많아 빈혈과 동맥경화에 좋고 불면증, 장염, 위
염에도 효과가 있다. 자궁 출혈이나 월경 불순 등 부인과 질
환에 좋다

냉이 채소 중 단백질 함량이 가장 많고 칼슘과 철분이 풍부
하며 비티민A가 많다. 위와 장에 좋고 간의 해독작용을 돕
는다. 냉이 뿌리는 눈 건강에 좋고 고혈압 환자에게 냉이를
달여 먹도록 처방하기도 한다. 춘곤증 예방에도 좋다.

손질 요령 봄나물은 물에 잘 씻는 것만으로 충분하나 냉이
는 뿌리를 칼로 살살 긁어 다듬는다. 봄나물은 살짝 데쳐 된
장에 무쳐 먹거나 된장국에 넣어 먹어도 좋다.

주꾸미

영양가 오징어, 낙지 등과 같이 두족류*에 속한다. 주꾸미
는 우리나라 및 동양에서는 씹는 맛이 좋아서 즐겨찾는다.
단백질, 무기질을 비롯해 영양가가 풍부하며 지방이 적은
저칼로리 식품이다.

손질 요령 요리를 할 때 밑손질 과정에서 소금이나 밀가루
를 듬뿍 뿌려 바락바락 주물러야 된다.

---

* **두족류** 오징어, 낙지, 문어 등 연체동물의 한 갈래로 머리와 다리가 붙어 있는 것들을 말함.

조개류

영양가 조개는 종류에 따라 성분이 조금씩 다르지만 대부분에 히스티딘, 리신 등의 아미노산과 글리코겐이 풍부하게 들어 있다. 조개 국물의 시원한 맛은 단백질이 아닌 질소화합물인 타우린, 베타민, 아미노산, 핵산류와 호박산이 서로 어울려내는 맛이다. 조개 국물은 소화력이 약한 사람에게 아주 좋다.

손질 요령 모든 조개는 바다 밑바닥의 모래 속에서 살기 때문에 요리를 할 때 그 모래를 빼내는 것이 중요하다. 살아 있는 조개는 실온의 1~2% 소금물에 담가두면 모래가 빠진다.

아스파라거스

영양가 그리스가 원산지인 아스파라거스는 쓴맛이 나지만 향이 독특한 채소로 백합과에 속하는 다년초이다. 4~6월이 제철이며 그린 아스파라거스와 화이트 아스파라거스 두 종류가 있다. 단백질과 당질이 많고 비타민이 풍부하다. 비타민 함유량의 절반은 비타민A이다. 그러나 화이트 아스파라거스는 영양 면에서 약간 떨어지며 비타민A는 거의 들어 있지 않다.

손질 요령 뿌리 부분은 단단하므로 손으로 뚝 부러지는 부분까지 버리는 것이 좋다. 보존할 때는 랩에 꼭 싸서 세운 상태로 냉장 보관한다. 오래 두면 쓴맛이 나므로 피한다.

봄나물 묵 냉채 샐러드 4인분

도토리묵 1모 (묵 밑양념 : 참기름 1작은술, 설탕, 소금 약간),
봄나물 200g (냉이, 달래, 돌나물, 참나물 섞어서)

양념장 간장 1큰술, 식초 2큰술, 청주 1큰술, 참기름 1큰술,
설탕 1+1/2큰술, 다진 파 1큰술, 다진 마늘 1작은술,
다진 청양고추 1작은술, 통깨 1큰술

01 도토리묵은 흐르는 물에 한 번 씻어서 도톰하게 채 썬 후 밑간해놓는다.

02 양념장을 고루 섞는다.

03 모든 봄나물은 깨끗이 씻어 물기를 제거하고, 달래는 4cm 길이로 자른다.

04 냉이는 큰 것은 반 가른 후 소금 약간 넣은 끓는 물에 데치고 찬물에 헹궈 물기 꼭 짜놓는다.
　　참나물도 같은 순서로 한다.

05 손질한 봄나물을 함께 담아 양념장을 넣고 고루 버무려 섞어준 후, 도토리묵을 넣고 한 번 더 살짝 버무린다.
　　냉장고에서 차게 식힌 뒤 먹기 전 접시에 담아낸다.

비트*와 봄나물 샐러드 2인분

비트 1개, 돌나물 1컵, 냉이 1/2컵, 부채살 200g,
올리브 오일 1큰술, 드라이 오레가노* 1작은술, 소금, 후추

레드 와인 드레싱 레드 와인 식초* 2큰술, 올리브 오일 4큰술,
디종 머스터드* 1/2작은술, 다진 양파 1작은술, 소금, 후추 약간

01 비트는 껍질째 호일로 싸서 170°C 오븐에 굽는다. 냄비에 물을 넣고 50분 정도 다 익을 때까지
　　삶는 방법도 있다. 후자가 좀더 빨리 익지만, 오븐에 익히는 편이 훨씬 맛있다.

02 비트는 식으면, 껍질을 벗겨 먹기 좋은 크기로 자른다.

03 돌나물은 다듬어 찬물에 씻고 물기를 제거한다.

04 냉이는 소금물에 살짝 데치고 찬물에 식혀 물기를 짠다.

05 레드 와인 드레싱 재료를 볼에 넣고 거품기로 잘 젓는다.

06 부채살을 소금, 후추, 드라이 오레가노, 올리브 오일로 버무린 다음 뜨거운 프라이팬에 넣고 재빨리 굽는다.

07 볼에 비트를 담고, 소금, 후추를 살짝 뿌리고 레드 와인 드레싱을 부어 뒤적여둔다.
　　먹기 직전 돌나물과 냉이를 첨가하여 살살 버무려 접시에 담아낸다.

● **비트** 서양 붉은 순무. 뿌리 부분의 독특한 감미와 새빨간 색채로 사랑받으며, 데쳐서 샐러드 요리에 쓰인다. 어린 잎들은 샐러드용으로 쓰인다.
● **드라이 오레가노** 허브류인 오레가노를 말린 것으로 시판되며, 토마토 소스와 잘 어울린다.
● **레드 와인 식초** 레드 와인으로 만든 식초로 향긋하고 신맛이 덜한 부드러운 식초.
● **디종 머스터드** 머스터드(서양 겨자) 중 프랑스 디종 지역의 특산물로 유명한 브랜드.

주꾸미 떡볶음 2인분

주꾸미 4마리, 밀가루 1/2컵, 떡 1팩,
새송이버섯 2개, 청양고추 1개, 양파 1/2개, 대파 1대, 당근 약간

고추장 양념 고추장 1+1/2큰술, 고춧가루 2큰술,
다진 마늘 1작은술, 간장 1큰술, 설탕 1큰술, 물엿 1큰술,
참기름 1큰술, 꿀 1작은술, 후추 약간

01 주꾸미는 내장과 눈을 제거한 후 볼에 담고 밀가루를 넣어 바락바락 주물러 씻는다.

02 고추장 양념장은 한데 고루 섞는다.

03 주꾸미는 물기를 제거한 후 분량의 반 정도의 양념장을 넣고 버무려 냉장고에서 30분 이상 재워놓는다.

04 떡은 한 개씩 뜯어놓고 새송이버섯은 한입 크기로 썬다.
   양파는 두껍게 채 썰어놓고 청양고추와 대파는 어슷하게 썬다. 당근도 어슷 썬다.

05 양념에 재워둔 주꾸미를 꺼내 석쇠판이나 프라이팬(또는 파니니 기계*)에서 초벌구이를 한다.
   주꾸미는 너무 오래 볶으면 질겨지므로 주의한다.

06 나머지 양념장을 둥근 팬에 담고 손질한 떡과 채소를 넣고 볶는다.

07 '06'이 거의 익을 즈음 초벌구이한 주꾸미 '05'를 넣고 가볍게 볶은 후 접시에 담아낸다.
   마무리로 참기름과 깨를 살짝 뿌려내도 좋다.

*● **파니니 기계** 겉면에 그릴 마크가 있는 따뜻한 파니니 샌드위치를 만들 때 쓰는 기계로, 기계의 한쪽에 속을 채운 샌드위치를 놓고
기계를 반으로 접으면 양쪽 그릴 사이에 샌드위치가 끼게 되어 샌드위치는 눌려지면서 그릴 마크가 생긴다.

타이식 주꾸미 샐러드 2인분

물 250ml, 주꾸미 350g, 대하(새우) 12개, 가리비 2개,
가는 쌀국수, 오이 1/2개

양념 레몬그라스˙ 1줄기 분량, 카피 라임 잎˙ 2장,
샬롯 2개, 실파 2큰술, 고수 잎 12~15장,
민트 잎 12~15장, 홍고추 2개,
라임(레몬으로 대체 가능) 주스 1~2개,
타이식 피시 소스(까나리 액젓으로 대체 가능) 2작은술,
황설탕 1작은술

01 주꾸미, 대하, 가리비 등을 끓는 물에 2~3분간 데쳐내 식힌다.

02 쌀국수는 5cm 길이로 자른 후, 따뜻한 물에 약 30분간 담가 익힌다.

03 샬롯과 레몬그라스는 얇게 저민다. 라임 잎은 돌돌 말아 얇게 채 썬다. 고수 잎과 민트 잎은 대충 자른다.
　　홍고추는 어슷 썬다. 오이는 껍질째 얇게 저민다.

04 양념을 볼에 넣고 잘 섞는다.

05 큰 볼에 물기 뺀 국수, 얇게 저민 오이, 해산물을 넣고 양념으로 버무린다.

● **레몬그라스** 타이 음식에 많이 쓰이는 식재료로 레몬향이 나는 식물의 줄기부분이다.
● **카피 라임 잎** 시트러스 과일인 카피 라임 나무의 잎으로 타이 음식에 많이 쓰인다.
● 레몬그라스와 카피 라임 잎 모두 해든 하우스에서 구입 가능하다.
　해든 하우스는 이태원에 위치한 식재료 단일매장으로 서양 식재료를 구할 수 있는 곳이다. 02-2297-8618

해산물 포켓요리 2인분

홍합 8개, 모시조개 6개, 껍질 벗긴 생새우 6개,
흰살 생선 2조각(150~170g), 다진 토마토 2개,
노란 파프리카 1개, 올리브 오일 2/3컵, 화이트 와인 1/3컵,
저민 마늘 3쪽, 건홍고추 3개, 다진 양파 1/4개,
다진 바질 6장, 다진 파슬리 한 줄기, 올리브 10개,
소금, 후추 약간, 레몬 1/2개

01 오븐은 요리 전 10분간 200℃로 예열한다.

02 호일은 직사각형으로 크게 자른다.

03 팬에 3큰술의 올리브 오일을 두르고 저민 마늘 넣고 노릇하게 볶다가
건홍고추 넣어 고소한 향이 날 때까지 볶는다.

04 '03'에 조개류와 새우를 넣고 볶다가 화이트 와인을 붓고, 조개가 살짝 입을 벌리면 조개와 새우를 건져내 국물은 남겨둔다.

05 조개를 건진 팬에 올리브 오일 2큰술을 넣어 달군 후 토마토, 양파, 파프리카, 바질, 올리브를 넣고 한소끔 끓인다.

06 다른 팬에 올리브 오일 두르고 흰살 생선에 소금, 후추를 뿌려 앞뒤 고루 익힌다.

07 호일에 생선 '06'과 조개 '04'를 올리고 '05'의 볶은 채소를 붓고 다진 파슬리와 레몬즙을 짜서 뿌린다.

08 호일 가장자리를 접어 내용물을 감싸고 오븐 팬*에 10~15분간 굽는다.

09 오븐에서 꺼내 접시 위에 담고 먹을 때에 쿠킹 호일의 가운데 부위를 쭉 찢은 후 뜨거운 상태에서 먹는다.

● **오븐 팬** 음식을 오븐에 넣고 구울 때 사용하는 조리용 팬으로 보통 알루미늄, 스테인리스, 코팅 재질이 있다.

조개 파스타 2인분

링귀니* 파스타 200g, 올리브 오일 3큰술, 저민 마늘 2~3쪽 분량,
이탈리아산 말린 고추 2개, 바질 2~3장, 껍질 벗긴 방울토마토 6개,
바지락 스톡* 1컵, 화이트 와인 2큰술, 대하 2개, 모시조개 1봉지,
바지락 1봉지, 칵테일 새우 6마리

(대하, 칵테일 새우, 모시조개, 바지락 종류를
다 구입하기 힘든 경우, 몇 종류는 생략해도 된다.)

바지락 스튜 2~4인분 바지락 200g 1봉지, 양파 깍둑썰기 1/4개,
카놀라 오일* 약간, 저민 마늘 1쪽 분량, 치킨 스톡 1캔(물로 대체 가능)

01 링귀니는 끓는 소금물에 삶는다.

02 중간불에 팬을 올린다. 올리브 오일 약간을 넣고 저민 마늘을 볶아 향을 낸다.
   고추도 함께 볶아 매운 향을 낸다.

03 여기에 대하를 넣고 양면을 노릇하게 굽는다. 모시조개, 칵테일 새우를 넣고 화이트 와인,
   바지락 스톡을 붓고 뚜껑을 닫는다.

04 모시조개가 입을 벌렸으면, 스톡에 쓰던 바지락을 넣는다.

05 알단테*로 삶아진 링귀니를 넣어 바지락 스톡이 면발에 배도록 뒤적인다. 소금, 후추로 간을 맞춘다.

06 위에 채 썬 바질*을 흩뿌려 접시에 담는다.

바지락 스톡 만들기

■ 냄비에 카놀라 오일을 약간 두르고, 저민 마늘을 볶는다. 양파를 넣고 볶다가 바지락을 넣고 나무 주걱으로 볶아준다.

■ 찬물, 스톡을 붓고 바지락이 입을 벌리고 국물이 뽀얗게 우려지면 완성. 바지락은 국물에서 건져 따로 두었다가 나중에 스파게티에 이용한다.

■ 국물은 얼음물에 식혀 날짜를 적어 냉장고에 보관한다. 냉동시키면 한 달 정도 쓸 수 있다.

● **링귀니** 파스타의 일종, 납작한 모양으로 조개를 넣은 봉골레 파스타에 쓰이며 칼국수 면발과 닮았다. 일반적으로 흔히 먹는 파스타 종류가 원통형의 길쭉한 스파게티 면이다.
● **스톡** 육류, 가금류, 생선의 뼈를 찬물을 넣고 장시간 국물을 우려낸 육수. 보통 끝내기 1시간 전에 양파, 당근, 셀러리를 넣어 끓이고 체에 맑은 국물만 걸러낸다.
● **바지락 스톡** 서양 요리에서 쓰이는 여러 가지 다양한 육수 종류 중 바지락을 양파, 마늘, 화이트 와인과 함께 우려낸 국물.
● **알단테** 채소나 파스타류의 맛을 볼 때 이로 끊어보아서 너무 부드럽지도 않고 과다하게 조리되어 물컹거리지도 않아 약간의 저항력을 가지고 있어 씹는 촉감이 느껴지는 것.
● **카놀라 오일** 식용유의 한 종류. 우리가 보통 쓰는 식용유에는 콩기름, 옥수수기름, 참기름, 들기름 등이 있다. 서양에서는 포도씨 오일, 카놀라 오일, 올리브 오일이 흔히 쓰이는 식용유이다.
   카놀라 오일은 카놀라에서 추출한 식용유로 특별히 강한 맛이 없어서 그린테이블에서 즐겨쓰는 식용유이다.
● **바질** 허브의 한 종류로 이탈리아 요리에 많이 쓰인다. 토마토 소스 파스타 등에 많이 쓰인다.

쇠고기 아스파라거스 볶음 2인분

쇠고기 안심살 300g,
(밑간: 소금, 후추 약간, 설탕 4g, 전분 20g, 물 1큰술),
아스파라거스 8개, 양파 1/2개, 실파 3개, 마늘 1개

소스 케첩 20g, 설탕 60g, 식초 60ml, 간장 25ml,
육수 80ml, 청주 30ml, 검은 후추 20g, 참기름 1/2작은술,
물전분 약간(물과 전분의 비율 1:1)

01 쇠고기는 안심으로 준비하여 칼로 두드린 후 밑간한다.

02 아스파라거스는 먹기 좋은 크기로 잘라준다.

03 마늘은 얇게 저미고 실파는 3cm의 길이로 썰고 양파는 곱게 채를 썬다.

04 튀김 팬˙에 포도씨 오일이 끓으면 밑간한 고기와 마늘을 살짝 튀기듯 익혀낸다.

05 다른 팬에 포도씨 오일을 두르고 아스파라거스, 양파를 볶아 접시에 담아낸다.

06 팬에 포도씨 오일을 두르고 실파와 준비된 소스를 모두 넣고 끓여준다.

07 소스가 끓으면 익혀낸 쇠고기 '04'와 '05'를 넣고 센불로 볶다가 물전분으로 농도를 맞추고
    다진 검은 후추와 참기름을 뿌린 후 마무리한다. 접시에 담아낸다.

● **튀김 팬** 튀김용 팬으로 쓰기 좋은 것은 폭이 좁고 깊은 냄비이다.

아스파라거스 프리타타 2인분

아스파라거스 500g,
엑스트라 버진 올리브 오일* 2큰술,
계란 4개, 간, 파르마산 치즈* 3큰술,
채 썬 양파 약간, 소금, 후추

01 아스파라거스의 질긴 부분을 제거하고, 필러로 껍질을 살짝 제거한다.
너무 긴 경우 약 5cm 길이로 잘라둔다. 끝 부분과 줄기 부분을 따로 둔다.

02 코팅 팬에 올리브 오일을 두르고 달군 후 줄기 부분의 아스파라거스를 볶는다.
물을 약 1큰술 정도 넣고 불을 줄인 후 뚜껑을 닫아 아스파라거스를 익힌다. 물기가 거의 없어지면 꺼내둔다.

03 아스파라거스 끝 부분은 같은 팬에 올리브 오일을 두르고 볶는다.
미리 볶아둔 ‘02’의 줄기 부분을 한데 넣고 볶는다.
채 썬 양파를 넣고 살짝 더 볶아준다. 팬 전체에 아스파라거스를 골고루 펼친다.

04 작은 볼에 계란을 깨서 잘 풀어둔다. 파르마산 치즈를 넣고 소금, 후추를 소량 뿌려 간을 한다.

05 ‘03’의 팬에 조심스레 계란을 붓고 약한 불에서 약 15분간 익힌다.
계란이 잘 안착되면, 바닥이 눌러 붙지 않게 팬을 살살 흔들어준다.

06 작은 도마로 옮겨 잘라 접시에 담는다.

- **프리타타** 계란물을 잘 풀어 여러 가지 재료와 치즈를 넣어 익힌 이탈리아식 계란 요리.
- **엑스트라 버진 올리브 오일** 올리브 오일의 한 종류로 올리브 오일은 올리브를 짜서 나오는 기름을 모은 것인데, 강한 압착을 하지 않고 나온 처음의 오일이 엑스트라 버진 올리브 오일이다.
  좀더 진한, 순수한 형태의 올리브 오일이어서 값도 비싸다. 볶음이나 튀김 요리에는 어울리지 않는 식용유로 샐러드 드레싱으로 적합하다.
- **파르마산 치즈** 이탈리아의 파르마 지역의 특산물, 소의 우유로 만든 경질의 치즈. 수프, 샐러드, 파스타 등에 올려먹는다.

감자

영양가 감자는 주성분이 녹말인 알칼리성 식품이다. 감자에서 전분이 차지하는 비율은 65~80%에 달한다. 미숙한 때에는 당분으로 존재하나 성장함에 따라 전분 함량이 높아진다. 감자는 비타민C의 급원 식품으로도 중요하다.

손질 요령 감자는 여름철의 경우 상온에 두면 금방 싹이 돋아버린다. 이때는 지퍼백에 넣어 냉장고에 보관하며 되도록 빨리 사용한다. 그러나 그 외에는 종이봉투에 감자를 넣어 입구를 벌린 채로 통풍이 잘 되는 냉암소°에 보관한다. 이때 사과 한두 개를 함께 넣어두면 효소의 작용으로 싹이 잘 나지 않는다. 감자 싹에는 솔라닌이라는 유독물질이 있어 요리할 때는 반드시 싹의 주위를 깨끗이 도려낸다.

가지

영양가 가지는 과채류° 중에서 가장 영양가가 낮은 것으로 되어 있으나, 기름 흡수를 잘해 튀김으로 해서 먹으면 칼로리 공급을 할 수 있어 좋다.

손질 요령 구입할 때는 껍질의 색깔이 선명하고 윤기가 있는 것, 전체적으로 탄력이 느껴지는 것이 좋다. 가지를 손질할 때는 껍질을 벗기거나 썬 뒤 재빨리 찬물이나 소금물에 넣어 공기와 차단시켜야 떫은맛을 빼주면서 변색을 막아준다. 보관할 때는 지퍼백 등에 싸서 냉장 보관한다.

●**냉암소** 열과 빛을 동시에 차단할 수 있는 장소
●**과채류** 수박, 오이, 가지, 참외, 토마토, 호박 등의 열매를 식용으로 하는 채소.

피망

영양가 맵지 않고 감미로운 서양고추로 비타민A도 함유되어 있지만 비타민C가 풍부하다. 매운 맛이 거의 없어서 그냥 먹어도 아삭아삭 씹혀 좋고 샐러드를 해서 먹어도 좋다.

파프리카

영양가 파프리카는 비타민 A와 C, 철분 등 영양소가 풍부하다. 비타민A는 열에 강하므로 볶음 요리로 많이 먹는다. 아이들 성장 촉진에 좋으며, 콜레스테롤 수치를 저하시킨다. 또한 암과 비염 예방에도 좋다.

손질 요령 피망과 파프리카는 반을 갈라 씨를 발라낸 다음 물에 씻고 안쪽의 흰 부분은 도려낸다. 용도에 맞게 썰어 날로 먹거나 익혀먹는다.

장어

영양가 단백질은 인간의 몸이나 에너지를 만들어내는 귀중한 영양소인데, 그 중에서도 가장 중요한 것이 필수 아미노산이다. 이 필수 아미노산에는 여덟 종류가 있고 생선은 여덟 가지 모두 갖추고 있다. 그 외에도 칼슘 또한 많이 포함되어 있다. 장어는 지방과 비타민A가 높고 소화가 잘 되며 뜨거울 때 먹어야 좋다. 장어는 뼈째 먹는 것이 좋은데, 뼈를 부드럽게 하여 먹기 위해서는 오븐에 구워내든가, 아니면 튀겨내면 좋다.

손질 요령 먼저 비린내가 나기 쉽고 상하기 쉬운 내장부터 제거한 뒤 생선을 다룬다. 이때 생선을 다루면서 손에 묻은 세균이 다시 생선에 묻을 수 있으므로 소금물로 손을 씻은 뒤 생선을 만진다. 냉장실에서 생선을 보관할 때는 1~2일 정도밖에 보관이 안 되므로 신선한 상태로 보관하고 싶을 때는 냉동시키도록 한다. 일단 냉동한 생선을 조리하기 위해 해동시켰을 때는 다시 냉동하지 않도록 한다.

감자 파래 해물전 2인분

생파래 50g, 감자 1개, 오징어 2마리,
새우살 100g, 대파 2대, 청량고추 3개,
홍고추 1개, 계란 2개, 부침용 밀가루 2컵,
물 2+1/2컵, 포도씨 오일 적당량

01 생파래는 물에 흔들어 씻어 물기를 꼭 짠다.

02 오징어는 굵은 소금을 이용해 껍질 벗긴 후 얇게 채 썰고 새우살은 씻어놓는다.

03 감자는 껍질 벗겨 곱게 채 썬다.

04 청양고추와 홍고추는 어슷 썰고, 대파는 5cm 길이로 잘라 길쭉하게 채 썬다.

05 부침 가루에 계란과 물을 넣고 고루 섞은 후 위의 재료를 모두 넣고 섞은 다음
기름 두른 팬에 앞뒤 노릇하게 부쳐낸다.

버섯 크림 뇨키* 2인분

뇨키 400g, 크림 소스 , 미니 새송이버섯 1컵, 깍둑썰기한 양파 1/8개,
저민 마늘 2개, 이탈리아산 마른 고추 2개, 소금, 후추

뇨키 반죽 감자 900g, 버터 15g, 계란 1개, 계란 노른자 1개,
넛맥*, 중력분 밀가루 225g, 소금, 후추
(남는 것은 모양 잡아 냉동실에 넣으면 한 달 정도는 쓸 수 있다.)

크림 소스 생크림 180ml, 파르마산 치즈 20ml

01 미니 새송이버섯을 크기에 따라 2~3등분 한다.

02 팬에 올리브 오일을 넉넉히 두르고 미니 새송이버섯을 노릇하게 구워놓는다.

03 팬에 올리브 오일을 두르고, 저민 마늘을 토스트한다. 이탈리아산 고추를 넣어 매운맛을 낸다.

04 깍둑썰기한 양파를 투명할 때까지 볶는다. 구워둔 버섯을 넣는다.

05 생크림에 다진 파르마산 치즈를 넣고 프라이팬에 넣어 절반이 될 때까지 중불로 조린다.

06 삶은 뇨키를 생크림 소스에 넣고 뒤적여준다.

뇨키 만들기

- 감자는 동일한 사이즈로 잘라놓는다. 냄비에 감자를 넣고 찬물을 위로 5cm의 여유가 생길 정도로 붓는다. 소금을 넣고 은근히 끓인다.
  너무 센불에 익혀 끓어 넘치지 않게 주의한다. 포크로 찔러 봤을 때 쉽게 들어가면 물을 따라내고, 약한 불에서 여분의 수분이 날아가게 한다.
  (또는 오븐에 잘 펴서 말리는 방법도 있다.)
- 뜨거울 때 감자를 재빨리 으깨, 밀가루를 제외한 나머지 재료와 잘 섞어준다. 잘 섞였으면 마지막으로 밀가루와 반죽을 한다.
- 엄지손가락만 한 굵기의 실린더 모양(원통형·떡볶이 모양)으로 만들어 5cm 정도로 자른다. 포크로 움푹 패인 모양을 만들어준다.
- 은근히 끓는 소금물에 2~3분간 익힌다. 익으면 바로 물 위로 둥둥 뜨니까 확인이 가능하다.

• **뇨키** 감자를 쪄 으깬 후 밀가루와 계란을 넣어 반죽한 이탈리아 음식. 전통적으로는 브라운 버터에 버무려먹었다.
• **넛맥** 스파이스의 한 종류.

가지탕수 4인분

가지 2개, 연근 1/2개, 전분 가루 1컵, 가지 튀길 포도씨 오일 적당량

튀김물 튀김 가루 1컵, 물 1+1/2컵

통파인애플 1/4개, 파프리카 1개, 양파 1/2개, 당근 1/4개, 오이 1/2개,
완두콩 2큰술, 포도씨 오일 1큰술, 마늘 1개, 생강, 소금, 후추 약간

소스 식초 4큰술, 황설탕 6큰술, 소금 1작은술, 간장 1큰술,
물녹말 3큰술(물과 녹말가루 1 : 1)

01 가지를 깨끗이 씻은 후 적당하게 한입 크기로 썰어 소금물에 잠깐 절이고 연근은 0.5cm 두께로 썬다.

02 절인 가지와 연근은 물기를 닦아 준비하고 튀김물은 멍울 없이 고루 섞는다.
여기에 가지를 넣고 뒤적인 후 꺼내어 마른 녹말을 골고루 입혀 준비한다.

03 '02'를 150℃ 이상 기름에서 바삭하게 두 번 튀겨낸다. (두 번 튀기면 더 바삭하다.)
튀긴 가지를 페이퍼 타월 위에 올려 기름기를 제거한다.

04 양파, 당근, 오이, 파프리카를 모양내 썰고, 파인애플도 한입 크기로 썬다.

05 달군 팬에 포도씨 오일을 두르고 마늘, 생강을 채 썰어 볶다가 여기에 양파, 당근, 오이를 넣고 살짝 볶는다.
파인애플, 파프리카 넣어 다시 볶다가 소스를 넣어 한번 끓어오르면 불을 끈다.

06 마지막으로 물녹말을 넣어 걸쭉해지면 튀겨놓은 가지와 연근, 완두콩을 넣어 다시 한번 더 버무린다.

라타투이 2인분

가지 1개, 양파 1개, 녹색 피망 1/2개, 양송이버섯 100g,
토마토 콩카세˚ 50g, 토마토 페이스트˚ 1/2큰술, 다진 마늘 1개,
치킨 스톡 1/2컵, 소금, 후추 , 올리브 오일, 다진 파슬리 약간

01 가지는 껍질을 벗겨 1~2cm 크기로 자른다. 양파, 피망, 양송이버섯도 같은 크기로 자른다.

02 뚜껑 있는 팬이나 냄비에 올리브 오일을 넉넉히 두른 후, 깍둑썰기한 양파를 넣고 투명해질 때까지 볶는다.
　 다진 마늘을 넣고 향을 낸다. 가지, 피망, 버섯, 토마토 콩카세 순으로 넣고 볶아준다.

03 '02'에 토마토 페이스트를 넣고 약 1분간 볶아 쓴맛을 없앤다.

04 치킨 스톡을 붓고, 뚜껑을 닫고 약한 불에서 뭉근히 끓이면서 20분 정도 눌러붙지 않게 저어준다.

05 소금, 후추로 간을 맞추고, 다진 파슬리를 뿌린다.

● **라타투이** 프랑스의 프로방스 지방에서 즐겨먹는 전통적인 채소 스튜로 채소를 큼직하게 썰어 올리브 오일에 볶다가 토마토 페이스트를 넣고 육수를 넣어 자작자작 끓여먹는 요리.
　바게트 같은 빵과 함께 먹으면 좋다.
● **토마토 콩까세** 토마토의 껍질, 꼭지, 씨를 완전 제거한 뒤 과육만을 7mm 정도의 작은 정육각 모양(깍둑썰기)으로 썬 것.
● **토마토 페이스트** 토마토를 농축시켜 놓은 것으로 통조림 형태로 시판되고 있다. 맛이 강해 소량만 쓴다.

피망 부추 고기말이 4인분

부추 겉절이 피망 1개, 부추 200g(1/3단), 깻잎 1팩, 오이 1개, 실파 2개,

부추 겉절이 소스 간장 2큰술, 청주 1작은술, 설탕 1큰술, 참기름 1큰술, 다진 파 1큰술, 다진 마늘 1작은술, 깨 1큰술, 소금 약간

고기말이 쇠고기 채끝살 300g, 소금, 후추 약간씩, 포도씨 오일 약간

고기 소스 물 2큰술, 간장 2큰술, 청주 1큰술, 설탕 1큰술, 배즙 1큰술, 사과즙 1큰술, 양파즙 1큰술, 다진 파 1작은술, 다진 마늘 1작은술, 참기름 1작은술, 후추 약간

01 쇠고기는 얇게 저민 것으로 준비하여(도톰하면 칼등으로 다져준다) 종이 타월로 눌러 핏물을 제거한다.

02 피망은 반 갈라 안의 씨 부분을 손으로 제거한 후 채 썬다.

03 고기 소스를 고루 섞은 후, 손질한 고기 '01'에 넣어 조물조물 뒤적여 섞고 냉장고에 3시간쯤 재운 후 포도씨 오일 두른 팬에 앞뒤 노릇하게 구워 준비한다.

04 부추와 실파는 씻어 4cm 길이로 썰고, 깻잎, 오이는 채 썰어 준비한다.

05 피망 부추 겉절이 소스를 고루 섞은 후, 손질한 채소 '04'와 섞어 피망 부추 겉절이를 만든다.

06 구운 고기 끝쪽에 피망 부추 겉절이를 올려 고기를 돌돌 말아준다. 준비한 분량의 고기만큼 다 말아준다.

07 접시 가운데에 남은 겉절이를 담고 피망 부추 고기말이를 빙 둘러낸다.

구운 닭 안심살과 홍피망 살사 타코* 2인분

토르티야* 6장, 닭 안심 10장, 홍피망 1+1/2개,
양파 1/2개, 양상추 1/4개, 발사믹 식초 1작은술,
올리브 오일 2큰술, 고수 5줄기, 레몬 1/2개,
소금, 후추, 사워 크림* 1/4컵

홍피망 살사 홍피망 1/2개, 청양고추 3개,
다진 양파 2큰술, 토마토 1개, 레몬 1/2개,
다진 고수 1큰술, 소금, 후추, 올리브 오일 2큰술

01 홍피망은 겉면에 식용유를 발라 겉면을 돌려가면서 태운다. 비닐 봉지에 넣어 밀봉하여 식힌 후 탄 껍질을 제거한다.
    꼭지 부분과 씨, 안쪽의 흰 부분을 제거한 후 넓적하게 자른다.

02 양파는 두툼하게 채 썰어 프라이팬에 올리브 오일을 소량 두르고 볶는다. 소금, 후추로 간을 한다.
    양상추는 채 썰어 찬물에 씻은 후 물기를 제거한다.

03 토르티야는 프라이팬에 기름을 두르지 않고 양면을 구워 호일에 싸서 따뜻하게 보관한다.

04 닭 안심은 힘줄을 제거하고, 1cm 두께로 길게 자른다. 소금, 후추, 올리브 오일을 발라 프라이팬에 볶는다.
    마지막에 발사믹 식초 1작은술을 넣어 볶은 후 불을 끈다.

05 접시에 닭 안심, 홍피망, 양파 볶음과 양상추를 놓는다.
    옆에 구운 토르티야와 홍피망 살사, 사워 크림을 곁들인다.

06 취향에 따라 토르티야에 피망, 양파 볶음, 양상추 채, 홍피망 살사, 사워 크림, 고수 잎을 적당히 넣어 돌돌 말아 먹는다.

● **타코** 밀가루나 옥수수 가루로 만든 동그랗고 얇은 토르티야에 여러 가지 재료를 넣어서 먹는 멕시코의 전통요리.
● **토르티야 (또띠아)** 멕시코 인들이 먹는 빵의 하나로 둥근 원형의 납작한 형태로 밀 또는 옥수수 토르티야가 있다. 타코 등을 만들어 먹을 때 쓰인다.
● **사워 크림** 유제품으로 플레인 요거트처럼 보이는 새콤한 맛의 크림이다. 멕시코 인들이 고기와 함께 잘 먹는다.

우엉 장어 나베 4인분

양념구이 장어 2마리, 우엉 1대,
가쓰오부시* 우린 물 1컵, 청주 2큰술,
계란 2+1/2개, 채 썬 대파 1/2개,
소금, 후추 약간

가쓰오부시 우린 물 물 2컵,
다시마 2장(4×5cm), 가쓰오부시 16g

장어 양념구이 소스 다시마물 5큰술, 간장 3큰술,
청주 3큰술, 설탕 2큰술, 생강 1/2개, 마늘 3쪽, 배 1/4개

01 우엉은 껍질을 벗겨 연필 깎듯이 얇게 채를 쳐서 색이 변하지 않게 소금물에 살짝 데친다. 대파는 채 썬다.

02 장어는 간장구이 양념을 해 살짝 구운 후 먹기 좋은 크기로 자른다.

03 전골냄비에 우엉을 깔고 그 위에 장어를 얹고 가쓰오부시 우린 물과 청주를 붓고 센불로 끓인다.

04 우엉과 장어가 끓으면 미리 풀어놓은 계란을 부어 익힌 후 채 썬 대파를 뿌려낸다.

05 간이 약하면 마지막으로 소금, 후추로 간한다.

가쓰오부시 다시물 만들기

- 물에 다시마를 하룻밤 담가놓는다. 다시마는 버리고 물만 냄비에 넣고 끓인다.
- 물이 끓기 직전에 가쓰오부시를 넣고 1분간 끓인 후 불을 끄고, 넣었던 가쓰오부시를 꺼낸다. 체에 한 번 걸러 나온 국물을 쓴다.
  (가쓰오부시를 너무 오래 끓이면 비린내가 난다.)

장어 양념에 굽기

- 장어는 등 쪽에 칼집을 넣어 한 장으로 넓적하게 편 다음, 칼로 가시를 제거한다.
- 가시를 제거한 장어는 내장과 머리를 자르고 젖은 헝겊으로 깨끗이 닦아 수분을 제거한다.
- 냄비에 장어 양념 구이 소스를 모두 넣고 약한 불에서 끓여 걸쭉한 구이 양념장을 만든다.
- 손질한 장어는 7~8cm 길이로 자른 후 열이 오른 찜통에 5분간 찐다.
- 석쇠에 쪄낸 장어를 놓고 구이 양념장을 바르면서 굽는다. (양념장을 3~4회 반복하여 바르면서 구워낸다.)

● **나베** 일본의 냄비요리 또는 전골요리. 종류에는 물 또는 가쓰오부시·다시마·채소 등을 우린 물에 끓이는 지리나베와 백숙인 미즈타키가 있다.
  또 끓는 육수에 얇게 저민 쇠고기와 채소를 넣어 살짝 익혀 먹는 샤부샤부도 나베의 일종이다.
  그밖에 쇠고기 전골인 스키야키, 어묵을 넣고 끓이는 오뎅 등이 있다.
● **가쓰오부시** 말린 가다랑어를 대패로 민 것처럼 얇게 저며 놓은 것, 일본 음식의 우동 국물, 육수 등을 내는 데 사용.

장어 나폴레옹 2인분

큰 민물장어 1마리, 감자 전분 1/2컵,
튀김용 기름 약간, 루콜라° 약간, 소금, 후추

발사믹 소스 발사믹 식초° 6큰술, 물엿 1/2작은술

단호박 퓨레° 단호박 400g, 버터 1큰술,
데운 우유 1/4컵, 소금, 후추

진° 소스 생크림 1/2컵, 진 1큰술,
홀그레인 머스터드° 2작은술, 레몬 주스 1큰술, 소금, 후추

01 발사믹 식초에 물엿을 넣고 끈적하게 조린다. 처음 부피의 약 1/3정도 양을 남긴다.

02 진 소스는 팬에 생크림을 넣고 중간불로 절반 양으로 조린 후 차게 식혀 홀그레인 머스터드, 레몬 주스, 진을 넣고 섞는다.
　　소금, 후추로 간을 맞춘다.

03 단호박은 듬성듬성 썰어, 냄비에 찬물과 소금을 넉넉히 넣고 삶는다. 포크로 찔러 무리 없이 들어가면
　　물기를 버리고 성긴 체에 내린다. 버터를 넣어 녹인다. 데운 우유를 서서히 흘려넣으면서 거품기로 젓는다.
　　소금, 후추로 간을 맞춰 퓨레를 완성한다. 먹기 전까지 따뜻하게 유지하면 좋다.

04 민물장어는 껍질을 제거한다. 소금, 후추로 먹기 전까지 간해서 감자 전분을 묻혀
　　기름을 넉넉히 두른 팬에 노릇노릇하게 지져낸다.

05 접시에 단호박 퓨레를 담고, 쌉싸래한 루콜라를 깔고 민물장어를 올린다.
　　진 소스와 발사믹 소스를 흘려준다.

- **나폴레옹** 제과에서 직사각형의 파이 층 사이에 크림을 넣어 켜켜이 쌓은 프랑스식 과자를 일컫는 용어인데, 확장된 의미로,
  뭔가 쌓아서 만든 제과나 요리 쪽에도 흔히 쓰이고 있다.
- **루콜라** 식용 채소의 한 종류로 열무의 잎처럼 살짝 매콤하고 알싸한 맛.
- **발사믹 식초** 레드 와인 식초를 오크통에서 장기간 숙성시켜 만든 식초로 맛이 강하고 검은색이다.
- **퓨레** 덩어리를 으깨어 걸쭉한 상태로 만들어놓은 것.
- **진** 증류주의 한 종류로 40%의 알코올 도수, 주니퍼 베리(juniper berry)로 상큼한 향이 난다. 칵테일 마티니를 만들 때 쓰는 재료이다.
- **홀그레인 머스터드** 머스터드(서양 겨자)로 곱게 갈지 않아 씨가 보이고 씹었을 때 톡톡 터진다.

버섯

영양가 버섯에는 수분 80~90%, 단백질 2%, 당질 7~8%, 지방 1%, 무기질 1% 가량이 들어 있다. 비타민B₂와 비타민 D의 모체인 엘고스테린이 풍부하며 버섯의 독특한 감칠맛을 내는 구아닐산이 들어 있다.

손질 요령 버섯은 젖은 수건을 이용해서 먼지나 흙을 닦아 낸 다음 조리하고, 보관할 때는 신문지에 싸서 10℃ 정도의 냉장고에 넣어두면 약 4~5일은 유지된다. 대량으로 구입한 경우에는 통풍이 잘 되는 곳에서 말려서 저장하는 것이 좋다.

호박

영양가 호박은 비타민A의 공급원이며 비타민B₂, 칼슘, 철, 마그네슘, 인 등도 풍부하게 함유하고 있다. 비타민A를 효과적으로 섭취하는 방법은 기름에 볶는 것이다. 기름으로 카로틴의 흡수가 높아지기 때문이다. 10℃ 이상의 실온에서 호박을 저장하면 당질이 분해되어 당 함량이 감소된다.

손질 요령 호박은 적당한 크기로 자르고 숟가락으로 씨 부분만 긁어내어 조리에 사용한다. 저장성이 높아 가을부터 겨울 내내 먹을 수 있다.

연어

영양가 연어는 등 푸른 생선 중에서도 특히 오메가3 지방산이 풍부하다. 오메가3 지방산은 생선 기름에 풍부한 성분으로 중성지방을 낮추고, 혈액순환에 도움이 되며 심장병 예방에도 매우 효과적이다. 또 칼슘과 비타민D 함량이 높아 건강에도 좋으며 연어의 붉은 살색을 띠는 아스타크산틴 성분은 활성산소를 제거하는 항산화 효과가 뛰어나 노화 방지와 주름 개선을 위한 화장품 원료로도 이용되고 있다.

손질 요령 연어는 비늘을 제거하고 머리와 내장을 제거한다. 배를 갈라 포를 뜨고 몸 가운데의 뼈를 집게로 뽑아 말끔하게 손질한다. 연어를 보관할 땐 조리 분량씩 나눠 랩을 씌워 냉동 보관한다.

대하

영양가 새우는 단백질이 60% 정도로 매우 풍부하다. 이 단백질에는 필수아미노산이 많이 함유되어 있는데, 글리신이라는 아미노산과 베타민이 있어 새우 고유의 맛을 낸다.

손질 요령 새우는 살아 있는 것이 최고지만 그렇지 않은 경우에는 몸이 투명하게 보이고 껍질이 단단해 보이는 것을 선택한다. 손질할 때는 머리와 껍질을 제거하고 이쑤시개로 등의 내장을 제거한다.

모둠 버섯과 채끝살 구이 쌈 2인분

새송이버섯 1개, 표고버섯 4개, 느타리버섯 10개 등 여러 버섯을 준비,
채끝살 200g, 양파 1개, 소금, 후추 약간, 포도씨 오일 1큰술, 수경 채소* 약간

버섯, 고기 양념 간장 2큰술, 양파즙 1/2큰술, 다진 마늘 1작은술,
청주 1큰술, 꿀 1/2큰술, 설탕 1작은술, 참기름 1작은술, 소금, 후추 약간

양파 생채 양념 고춧가루 2큰술, 식초 1큰술, 액젓 1/2큰술, 설탕 1/2큰술,
다진 마늘 1작은술, 소금 약간

01 새송이버섯은 뿌리 부분을 칼로 제거하고 손으로 문질러 불순물을 턴 후 한입 크기로 썬다.

02 표고버섯은 손으로 기둥 부위를 떼어낸다. 이때 기둥을 잡고 살짝 돌리면 갓 부분이 손상 없이 깨끗이 떨어진다.
　　표고버섯의 갓 부분에 불순물이 묻어 있다면 솔로 불순물을 제거해준 후 칼로 4등분한다.

03 느타리버섯도 손으로 살살 흔들어 불순물을 제거한다. 너무 큰 것은 길게 손으로 반 쪽 찢어준다.

04 버섯, 고기 양념은 고루 섞어놓는다.

05 채끝살은 칼등으로 자근자근 두드려 부드럽게 만든 후 분량의 반 정도의 양념장에 재워 30분에서 1시간 정도 냉장고에 둔다.

06 양파는 채 썰어 30분 정도 찬물에 담가 아린맛을 제거한 후 체에 받쳐 물기를 제거한다.
　　물기가 빠지면 양파 생채 양념장에 버무려놓는다.

07 달구어진 팬에 남은 버섯, 고기 양념장과 포도씨 오일 1큰술을 넣은 후 부르르 끓으면
　　손질한 버섯들을 함께 넣고 살짝 익혀낸다.

08 이 팬에 재운 고기도 익혀낸 후 버섯과 함께 섞어담는다. 양파 생채와 수경 채소도 곁들여낸다.

● **수경 채소** 토양 없이 물과 비료만으로 재배하는 청정 채소로 치커리, 시금치, 상추, 로메인, 오클리 등이 있고 쌈 재료나 샐러드로 먹는다.

버섯 치킨 팟 파이 2인분

양송이버섯 200g, 당근 1/2개, 감자 1개, 양파 1/2개,
닭 가슴살 2장, 버터 50g, 다용도 밀가루 1/3컵,
치킨 스톡 1컵, 생크림 1/4컵, 우유 1컵, 소금, 후추,
계란물(노른자 1개 + 물 1큰술)

파이 반죽 박력분 250g , 설탕 5g, 계란 노른자 1개, 소금 약간,
우유 60g, 버터 130g(가염 버터인 경우, 소금을 넣지 않아도 됨)

01 냉장고에서 빼낸 파이 반죽은 밀대로 밀가루를 묻혀가면서 평평하게 민다.

02 냄비에 버터를 녹이고, 거품기로 잘 저으면서 밀가루를 넣고 부드럽게 잘 섞는다.

03 중간불로 타지 않게, 계속 저어주면서 밀가루와 버터 혼합물(루)을 8분간 잘 익힌다. 색이 나지 않게 한다.

04 다른 팬에 기름을 두르고, 감자와 당근, 버섯, 양파, 닭 가슴살을 각각 살짝 구워준다.

05 완성된 루에 치킨 스톡을 소량씩 부으면서, 잘 저어 뭉침이 없게 한다.

06 '05'에 구워낸 채소와 닭 가슴살을 넣고 은근한 불에서 끓여준다.

07 오븐에 넣어도 안전한 그릇에 치킨 스튜를 담는다. 그릇에 맞는 크기로 잘라낸 파이 반죽을 얹고,
그릇 가장자리를 포크로 눌러 밀봉한다.

08 계란물을 발라준 후, 177℃로 예열한 오븐에 25분간 굽는다.

파이 반죽 만들기

- 버터는 차게 해서, 작게 썰어놓는다. 볼에 밀가루, 설탕, 소금을 넣고 잘 섞는다.
- 버터를 넣고 손으로 더 잘게 뭉개는 기분으로 밀가루와 잘 섞는다.
- 널찍하고 평평한 곳(식탁 위)에 버터와 밀가루의 혼합물을 붓고, 오른손바닥을 이용해 바닥에 밀듯이 치대준다.
  너무 오래 반죽하지 않도록 하며 버터가 녹지 않도록 주의한다.
- 잘 혼합됐다면, 계란을 넣고 잘 푼 우유를 붓고 반죽한다. 너무 오래 반죽하면 글루틴이 형성돼 질겨진다.
- 도톰한 원반형으로 모양을 만들어 랩으로 싼 후, 냉장고에 적어도 30분 이상 숙성시킨다.

흑미 단호박 라이스 2인분

중간 크기의 단호박 1통, 멥쌀 1/2컵, 찹쌀 1/2컵, 흑미 1/4컵, 대추 5개,
깐 밤 7~10개, 은행 20알, 생수 1+1/3컵, 소금 1/3작은술

유자 간장 소스 간장 4큰술, 청주 2큰술, 유자청 2큰술, 참기름 1/2큰술,

달래 간장 소스 송송 썬 달래 3큰술, 간장 3큰술, 식초 1큰술, 청주 1큰술, 꿀 1큰술,
참기름 1큰술, 생수 1큰술, 고춧가루 1큰술, 다진 마늘 1작은술, 깨 1큰술

기본 양념 소스 간장 3큰술, 식초 1~2큰술, 청주 1큰술, 참기름 1큰술,
다진 청양고추 1개, 다진 파 1큰술, 다진 마늘 1/2큰술, 깨 1큰술, 고춧가루 1큰술

01 멥쌀, 찹쌀, 흑미는 깨끗이 씻어 물에 1~2시간 불려둔다.

02 단호박은 깨끗이 씻어 크기의 1/5정도에서 뚜껑을 따고 속을 파준다. 씨와 실 같은 것들을 모두 제거한다.

03 대추는 씻어 그대로 사용하거나 가늘게 채 치고 껍질 깐 밤은 씻어 3등분해두고
   은행은 기름 안 두른 프라이팬에 볶아 껍질을 까놓는다.

04 밥솥에 불려 물기 뺀 쌀 '01'과 속재료 '03'을 한데 넣고 약 1/3작은술의 소금으로 간하고 밥을 짓는다.

05 밥을 짓는 동안 기본 양념장을 만들어 준비한다.

06 밥이 다 되었으면 주걱으로 고루 뒤적인 후, 손질한 단호박 '02' 안에 넣어준다.

07 단호박 '06'에 뚜껑을 덮어 찜통에 30분간 찌거나, 또는 220℃로 예열된 오븐에 20분간 구워준다.

08 익으면 젓가락으로 찔러보아 쑥 잘 들어가면 꺼내어 8등분한 후 접시에 양념장과 함께 담아낸다.

단호박 비프 코코넛 커리 2인분

구이용 쇠고기 400g, 단호박 400g,
타이 레드 커리 페이스트* 4큰술,
식용유 2큰술, 코코넛 크림 1+1/2컵,
치킨 스톡 3/4컵, 고수 약간, 다진 마늘 1쪽 분량,
설탕 약간, 소금, 후추

01 쇠고기는 겉면에 올리브 오일, 소금, 후추를 발라 겉면을 굴리며 구워 170℃ 오븐에서
   약 5분 정도 구워 5mm 두께로 저민다.

02 단호박은 먹기 좋은 크기로 잘라 소금물에 데친다.

03 소스 팟*에 식용유를 약간 두르고, 레드 커리 페이스트를 다진 마늘과 함께 센불로 빨리 볶아 향과 매운맛이 우러나게 한다.
   코코넛 우유를 3번에 나누어 넣어주는데 거품기로 잘 젓는다. 치킨 스톡을 붓고 중불로 한소끔 끓인다.
   여기에 단호박을 넣고 소금, 후추로 간을 맞춘다. 단맛을 좋아한다면 소량의 설탕을 첨가해도 좋다.
   불을 끄고 고수 잎을 넣어준다.

04 볼에 커리를 담고, '01'의 구운 쇠고기를 얹어낸다. 고슬하게 지은 밥을 곁들인다.

● **레드 커리 페이스트** 타이식 커리의 재료. 인도식 커리는 식물의 뿌리를 갈아서 만드는 데 비해 타이식 커리는 타이의 생고추를 마늘 등과 빻아서 만든다.
   레드 커리 페이스트는 붉은 고추로 만든 커리이다. 코코넛 우유를 넣어 매운맛을 감소시킨다.
● **소스 팟** 서양 요리에서 소스를 만들거나 데울 때 쓰는 손잡이 있는 냄비로 바닥이 두툼해서 잘 타지 않는다.

연어 우엉 말이 4인분

우엉 1뿌리(300g), 훈제 연어 1팩, 양상추 1/4통,
수경 채소 50g, 무순 50g, 식초 약간, 레몬 1/4개

유자 식초 유자청 2큰술, 식초 1/2컵, 설탕 2큰술, 소금 1/2큰술

01 우엉은 껍질을 칼등으로 긁어 벗겨낸 후 채 썰어 식초 물에 담가놓는다.

02 채 썬 우엉을 소금물에 삶은 뒤 찬물에 헹구어 체에 받쳐 물기를 빼놓는다.

03 식초에 설탕, 소금을 섞어 잘 녹인 뒤에 유자청을 섞어 유자 식초를 만든다.

04 물기를 뺀 우엉에 유자 식초를 붓고 냉장고에서 하룻밤 절인다. (급하다면 1~2시간 정도)

05 양상추는 씻어 손으로 한입 크기로 뜯어놓고, 무순과 수경 채소는 씻어 물기 빼놓는다.

06 얇게 저민 훈제 연어 한쪽 가장자리에 양상추 깔고 그 위에 절여놓은 우엉과 무순과 수경 채소를 올려 말아준다.

07 접시에 모양내 담고 레몬과 함께 곁들여낸 후 먹을 때 레몬즙을 뿌려준다.

사과 소스를 곁들인 연어 스테이크 2인분

연어 필레 2장, 올리브 오일 1작은술,
저민 레몬 2개, 소금, 후추

사과 소스 사과 1개(3~4mm 깍둑썰기), 황설탕 2큰술,
사과즙 1/4컵, 생크림 1/4컵, 차가운 무염 버터 150g,
케이퍼* 1큰술, 다진 파슬리 1큰술

허브가 든 포테이토 팬케이크 감자 2개, 양파 1/4개,
계란 1개, 식용유 약간, 소금, 후추, 다진 파슬리 2큰술

01 연어는 올리브 오일을 양면에 잘 발라둔다. 팬에 올리브 오일을 두르고 한쪽만 구워 오븐 팬에 연어를 놓고
저민 레몬을 얹어 180℃ 오븐에서 6분간 굽는다.

02 감자와 양파는 껍질을 벗기고 큰 강판에 결이 살아 있게 갈아 물기를 쭉 짠다.
소금, 후추, 계란, 다진 파슬리를 넣고 반죽한다. 원형으로 모양을 잡아 팬에 기름을 두르고 노릇하게 굽는다.

03 소스 팬에 사과, 설탕, 사과즙을 넣고 은근한 불에서 사과가 투명해질 때까지 약 5분간 익힌다.
크림을 첨가하고 절반 양으로 줄 때까지 약 3분간 익힌다.

04 '03'에 버터를 넣고 거품기로 잘 젓는다. 케이퍼를 넣고 소금, 후추로 간을 맞추고 파슬리를 뿌린다.

05 접시에 허브 감자 팬케이크를 올리고, 연어를 놓고 사과 소스를 뿌려낸다.

* **케이퍼** 지중해 지역의 요리에서 자주 보이는 초절임으로 서양 풍조목의 꽃봉오리로 만들었다.

대하 잣 소스 샐러드 2인분

대하 15마리, 생강 1/2개, 대파 흰 부분 1/2대, 소금, 후추 약간,
청주 1큰술 , 오이 1개 , 배 1/4개, 죽순 100g

잣 소스 잣가루 5큰술, 새우 국물 4큰술, 디종 머스터드 2큰술,
레몬즙 2큰술, 참기름 1작은술, 꿀 1큰술, 소금, 후추 약간

01 새우는 껍질째 깨끗이 씻어 등쪽의 내장을 꼬치로 뺀다. 찜통 안에 가지런히 놓는다.

02 생강과 대파는 편 썰어 대하 '01' 위에 올리고 소금, 후추, 청주 약간을 뿌려 찜통에 7~8분 정도 찐다.
　　삶아 익은 새우는 껍질 벗겨 반 갈라놓는다.

03 새우 삶을 때 나오는 국물은 면보에 깨끗하게 걸러 소스에 섞어넣는다.

04 오이는 세로로 반 갈라 어슷하게 5mm 두께로 썰어서 소금에 절였다가 물기를 꼭 짠다.
　　배는 껍질 벗겨 나박하게 썬다.

05 죽순은 반 갈라 빗살 모양으로 5mm 두께로 썰어 끓는 소금물에 살짝 데쳐낸 후 달군 팬에 볶아 그릇에 펴서 식힌다.

06 잣 소스 모든 재료와, 면보에 걸러놓은 새우국물 3큰술을 같이 믹서기에 넣어 곱게 갈아 소스를 만들어놓는다.

07 손질한 모든 재료와 잣 소스를 함께 넣어 버무려 냉장고에 보관 후 식사 전 접시에 담아낸다.

대하 파에야

쌀 1컵,
소프리토* 1/4컵,
갑오징어 1마리, 대하 6마리, 올리브 오일 1큰술,
마늘 1개, 치킨 스톡 2+1/2컵. 소금, 후추

01 오징어는 깨끗이 씻어 껍질을 벗겨 먹기 좋게 자른다.

02 달군 팬에 올리브 오일을 두르고 오징어와 새우를 각각 살짝 구어낸다.

03 소프리토를 넣고 1분 정도 저어가면서 익힌 후, 치킨 스톡을 붓고 한소끔 끓인다.
　　 끓을 때 쌀을 팬 전체에 골고루 펼쳐 넣고 5분 정도 센불에서 주걱으로 살살 볶는다.

04 구운 새우와 오징어를 넣고 불을 약하게 줄인 뒤 젓지 말고 서서히 익힌다.

소프리토 만들기

- 토마토는 반으로 잘라 꼭지와 질긴 부분을 제거 후 안쪽부터 강판에 간다. 나중에 남는 껍질은 버린다.
- 올리브 오일 1/2컵에 다진 양파, 설탕, 소금을 넣고 약한 불에서 캐러멜화한다.
  타지 않게 주의하면서 볶는데 소량의 물을 넣어 마르지 않게 한다.
- 갈색으로 변한 양파에 토마토와 월계수 잎을 넣고 약한 불에서 더 익힌다. 오일과 소스가 분리된 것처럼 보이면 완성된 것이다.

- **파에야** 스페인식 볶음밥, 생쌀을 소프리토와 스톡, 또는 오징어 먹물, 샤프론 등의 향신료와 함께 볶아먹는 요리. 스페인에서는 해산물이 풍부해 해산물을 많이 넣어먹는다.
- **소프리토** 스페인의 토마토 소스로, 올리브 오일에 양파를 거의 튀기듯이 카라멜화하여 생 토마토를 갈아넣어 만든 소스

산마

영양가 마는 뮤신이라는 성분이 들어 있어 위액이 위를 부식시키지 못하도록 보호하는 역할을 해 소화불량이나 위장 장애에 효과가 있다. 또 신장 기능을 튼튼하게 하는 작용이 강해 원기 회복에 아주 좋다. 식이섬유도 풍부해 변비에 좋은 효능이 있으며 피부 미용에 도움이 된다.

손질 요령 마를 손질할 때는 일회용 장갑을 끼고 껍질을 제거한다. 이는 마의 점액질 성분이 가려움증을 유발시키기 때문이다. 보관은 랩을 씌워 냉장 보관하며 빠른 시일 내에 먹도록 한다.

문어

영양가 시력회복과 빈혈방지에 상당한 효과가 있을 뿐만 아니라 타우린이 약 34% 가량 함유되어 콜레스테롤계의 담석을 녹이는 작용을 한다. 간의 해독작용으로 피로회복에 효과적이며 인슐린분비를 촉진해 당뇨병을 예방하고, 혈압조절, 두뇌개발과 신경정신 활동에도 관여한다.

손질 요령 문어를 손질할 때 먹물 주머니부터 제거하고 손질한다. 소금으로 문질러 깨끗이 씻고 끈적거림은 무로 문질러 없애준다. 내장과 눈을 제거하고 삶을 때는 한꺼번에 푹 삶지 않는다.

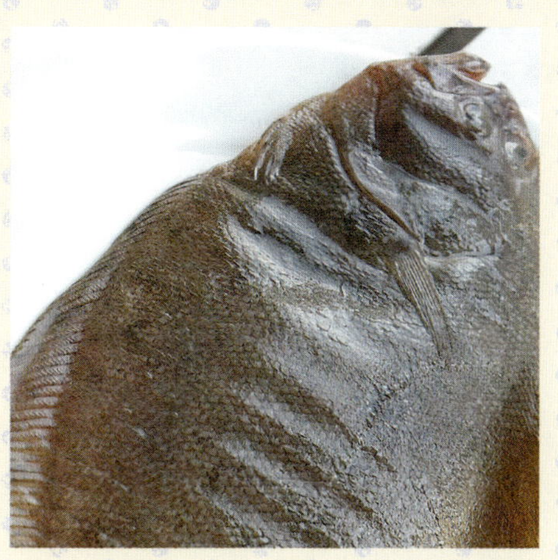

가자미

영양가 가자미에는 단백질의 일종인 콜라겐과 비타민 B_1, B_2, D가 비교적 많고 타우린도 150~250mg 함유되어 있다.

손질 요령 가자미는 우선 비늘을 긁어내야 하는데, 이때 한 손으로 머리를 잡아 약간 뉘어서 긁어준다. 다음에는 뒤집어서 머리 밑을 칼로 눌러주면 내장이 나온다. 조금 삐져나오면 손으로 잡아 끄집어낸다. 소금물에 가자미를 씻은 뒤 마른 행주로 물기를 닦는다.

매생이

영양가 해조류는 칼슘과 요오드가 풍부히 들어 있어 무기질의 공급원이다. 알칼리성 식품으로 칼슘은 400~1000mg이나 들어 있으며 요오드를 포함하고 있는 대표적인 식품이다.

손질 요령 깨끗한 물에 여러 번 헹궈 체에 받쳐 물기를 빼고 조리한다.

산마 두부 오코노미야키 2인분

산마 1개, 오징어 1마리, 베이컨 3장, 양배추 50g,
양파 1/2개, 밀가루 100g, 계란 1개, 두부 1/2개,
물 1/2컵, 포도씨 오일 적당량

소스 돈가스 소스 5큰술, 우스터 소스* 1큰술,
황설탕 1큰술, 물엿 1큰술, 청주 1큰술, 핫소스 1작은술

고명 마요네즈, 가다랑어포 적당량

01 산마는 필러로 껍질 벗긴 후 반은 0.5cm 두께로 둥글게 썰고, 반은 강판에 간다.

02 오징어는 소금을 이용해 껍질을 벗긴 후 가늘게 채 썰고, 양배추, 양파도 채 썬다.

03 베이컨은 2cm 두께로 썬다.

04 소스는 팬에 넣어 부르르 끓인다.

05 두부는 칼등으로 으깬 후 물기를 꼭 짠다.

06 큰 볼에 준비한 두 가지 종류의 산마와 밀가루, 계란, 채소와 물을 넣고 섞어 반죽한다.

07 달군 팬에 포도씨 오일을 두르고 반죽을 한 국자 붓고 펼친 후 그 위에 베이컨과 두부를 뿌려준다.
   잠시 후 뒤집어 앞뒤 노릇하게 굽는다.

08 익은 오코노미야키를 접시에 올리고 끓인 소스를 바르고 가다랑어포를 뿌린 후 마요네즈도 고루 적당량 뿌려낸다.

● **오코노미야키** 일본의 대중음식으로 우리의 전과 비슷하다. 밀가루를 가쓰오부시 우린 물에 산마를 간 것과 같이 개어 고기, 채소를 넣고 지져내는 요리.
● **우스터 소스** 영국의 우스터셔 주가 원산지인 조미액으로 간장 같은 진한 검은색. 맛도 진해서 소스나 채소 볶음 등 서양에서 감칠맛을 내기 위해 소량씩 쓰인다.

산마 그라탱* 2인분

산마 400g, 가지 100g, 전분 1/2컵,
간 그뤼에르 치즈* 1/4컵, 모차렐라 치즈* 1/2컵

토마토 소스 토마토 4개, 셀러리 1줄기, 당근 1/4개,
양파 1개, 토마토 페이스트 1작은술, 올리브 오일 1큰술, 마늘 1쪽,
월계수 잎 1장, 드라이 오레가노 1작은술, 소금, 후추

01 산마는 7mm 두께로 저며 소금, 후추 간을 한 후 전분을 묻혀 기름에 굽는다.

02 가지는 어슷 썰어 소금을 뿌려 팬에 오일을 두르고 약불에서 노릇하게 굽는다.

03 그라탱 그릇에 토마토 소스를 깔고, 산마를 올린 후 구운 가지, 그뤼에르 치즈,
    모차렐라 치즈를 얹는다. 중간에 소금, 후추를 뿌린 후 다시 산마, 가지, 치즈 순으로 얹는다.

04 175°C 오븐에 약 15분간 치즈가 노릇하게 될 때까지 굽는다.

토마토 소스 만들기

- 토마토는 줄기와 안의 씨를 대충 제거한 후, 큼직하게 썬다.
- 셀러리, 당근, 양파를 5mm 크기로 자른다. 마늘은 저민다.
- 소스 팬에 오일을 두르고 저민 마늘을 넣고 중불에서 마늘 향이 나오게 한다. 양파를 투명해질 때까지 볶고,
  당근, 셀러리 순으로 넣고 볶는다. 토마토 페이스트를 넣고 약 1분간 더 볶아준다.
- 토마토를 넣고, 월계수 잎, 드라이 오레가노를 넣고 주걱으로 저어준 후 뚜껑을 닫고 한소끔 끓인다. 끓으면 뚜껑을 열고 은근히 익힌다.
  토마토가 쉬이 으깨질 정도까지 익힌 후 소금, 후추로 간을 맞춘다. 월계수 잎을 제거한 다음, 취향에 따라 그대로 또는 믹서기에 갈아 쓴다.

- **그라탱 (그라티네)** 오븐에 넣어 굽는 두툼한 접시에 음식을 담아 위에 치즈나 브레드 크럼, 소스 등을 올려 노릇하게 구워 먹는 요리.
  브레드 크럼이란 빵을 갈아서 녹인 버터와 섞어놓은 것으로 서양요리에서 생선이나 고기 요리를 할 때 오븐에 넣기 전 브레드 크럼을 얹고 구우면
  버터가 흘러내려 요리의 맛을 더하고 빵이 바삭하게 구워져 입맛을 돋군다.
- **그뤼에르 치즈** 스위스의 경질(딱딱한) 치즈로 현재는 프랑스에서도 생산된다. 소젖으로 만드는 치즈. 황금색의 껍질(rind)에 안쪽은 좀더 연한 노란색 크림이다.
  짭짤하면서 맛과 향이 강하다. 살짝 시큼한 맛이 나는데, 익히면 단맛이 생긴다.
- **모차렐라 치즈** 소젖으로 만드는 숙성시키지 않는 치즈. 특별히 강한 맛이 없으나 우유의 고소함이 살아 있다. 열을 가하면 쭉쭉 늘어나는 성질로 피자 위의 토핑으로 많이 쓰인다.

새콤달콤 문어 국수 2인분

자숙 문어* 200g, 오이 1/2개, 무순 약간, 국수 200g

양념장 고춧가루 1큰술, 고추장 1+1/2큰술,
간장 1/2큰술, 설탕 1+1/2큰술, 식초 2큰술,
다진 마늘 1/2큰술, 참기름 1큰술, 통깨 1큰술

01 자숙 문어는 씻어서 납작납작하게 편 썰고 오이는 반 갈라 어슷 썬다.

02 끓는 물에 소면을 넣고 한소끔 혹 끓으면 찬물 한 컵을 붓는다.
국수를 들어보아 투명한 흰빛이 되었으면 불을 끄고 찬물에 헹궈준 후 물기 빼놓는다.

03 양념장을 고루 섞은 뒤 문어와 오이를 섞어 버무린 후 냉장고에 차게 넣어둔다.

04 소면을 둥글게 말아 그릇에 담고 새콤달콤 양념 문어 '03'을 가득 얹어낸다.

05 장식용 고명으로 무순과 깨를 뿌려낸다.

• **자숙 문어** 삶은 문어.

문어 세비체[*] 2인분

큰 문어 다리 1개

유자 드레싱 유자청[*] 2큰술, 유자즙 2큰술, 레몬즙 2큰술,
엑스트라 버진 올리브 오일 2큰술, 소금, 후추, 다진 파슬리

어린잎 채소 약간,
다진 차이브[*] 1큰술(영양 부추로 대체 가능),
레몬 타임[*] 약간(없으면 생략 가능)

01 유자 껍질을 칼로 저며 안쪽의 흰 부분을 도려낸 후 얇게 채 썬다.

02 유자 드레싱의 재료를 볼에 넣고 거품기로 잘 섞는다.

03 문어는 살짝 데쳐서, 차게 보관한 후 얇게 저민다. 유자 드레싱에 버무려 냉장고에 30분 이상 재워놓는다.

04 접시에 문어 세비체와 유자를 얇게 펴담는다. 어린잎 채소, 다진 차이브, 채 썬 유자 껍질, 소금, 후추를 뿌려낸다.

05 위에 한 장씩 뜯은 레몬 타임을 흩뿌린다.

- **세비체** 라틴 아메리카 요리로 날 생선을 레몬이나 라임 같은 시트러스즙의 산성 성분을 이용해 열을 가하지 않고 요리하는 방식.
  시트러스즙 외에 양파와 올리브 오일 등으로 버무린다.
- **유자청** 향기가 강한 유자를 생으로 먹는 대신 당절임한 것으로, 뜨거운 물을 부어 유자차를 만든다.
- **차이브** 허브의 종류로, 영양 부추처럼 생겼다. 살짝 매운 맛이 있어 얇게 저며서 수프, 샐러드, 고기, 생선 요리에 넣으면 감칠맛을 더한다.
- **레몬 타임** 레몬 타임은 허브류인 타임의 한 종류로 상큼한 레몬 향이 난다. 향이 강해서 장기간 보관해도 되고,
  고기를 굽거나 스톡(육수), 수프, 소스 등을 만들 때 향긋함을 주기 위해 사용한다.

가자미 마늘 구이 2인분

가자미 1마리, 깐 마늘 1/2컵

기름장 올리브 오일 1/4컵, 청주 1큰술,
소금 1큰술, 후추 1/2작은술

소스 간장 1큰술, 설탕 1작은술, 피시 소스 10ml,
청주 1/2큰술, 후추 약간, 레몬 슬라이스 1개,
고추냉이 약간

01 손질한 가자미에 듬성듬성 칼집을 넣는다.

02 가자미 '01'을 고루 섞은 기름장에 30분 정도 재운다.

03 180℃로 오븐은 예열해놓는다. (컨벡션 오븐•은 예열하지 않아도 된다.)

04 쿠킹 호일을 길게 잘라 기름장에 재운 가자미를 올리고 편으로 썬 마늘을 가자미 '02' 위에 고루 펴 올린다.

05 200℃ 오븐에 가자미를 15분 동안 구워낸다. (컨벡션 오븐은 예열 없이 200℃ 오븐에 15~20분간 굽는다)

06 가자미 구이를 접시에 담고 소스와 곁들여내거나 생선 위에 소스를 뿌려낸다.

• 컨벡션 오븐 오븐 안에 팬이 있어 내부에 열을 골고루 빨리 순환시킨다.

와인 소스 가자미 구이 2인분

가자미 2마리, 감자 토네° 6개

당근 1/2개, 셀러리 2줄기, 애호박 1/4개,
채 썬 양파 1/2개, 치킨 스톡 1컵(물로 대체 가능)

시라 와인 소스° 시라 와인 1컵, 설탕 2큰술,
오렌지 주스 1/4컵, 마늘 1개, 타임 1줄기,
통후추 1/4 작은술, 샬롯 1/2개(양파 1/4개로 대체 가능)

01 와인 소스는 모든 재료를 소스 팬에 넣고 약불로 30분간 조린다.
  체에 걸러 맑은 소스만 걸러낸 후 다시 소스 팟에 부어 약불로 조리며 소금, 후추로 간을 맞추고
  불을 끈 다음 버터 1작은술을 녹인다.

02 가자미는 4장으로 포를 떠 껍질을 벗겨둔다. (가자미 포 뜨는 방법은 148쪽)

03 채소는 얇게 채를 썰어 준비한다. 치킨 스톡에 살짝 데쳐 식힌다.

04 감자 토네는 끓는 소금물에 넣고 약불로 익힌다.

05 가자미의 뼈가 붙은 부분을 도마에 놓고, 소금, 후추를 뿌린다. 데친 채소를 놓고 돌돌 만다.

06 작은 오븐 팬에 가자미를 올리고 치킨 스톡과 저민 샬롯을 넣고 렌지 탑 위에서 직화로 스톡이 끓을 정도로 익힌 후
  감자 토네를 함께 넣고 170℃ 오븐에서 약 6~8분간 익힌다. 수프 볼에 담아낸다.

● **감자 토네** 프랑스 요리에서 쓰는 감자를 깎는 방법으로, 감자를 럭비공 모양으로 자르는 기법. 전통 프랑스 요리에서 생선이나 고기 요리에 자주 곁들였다.
● **시라 와인 소스** 레드 와인 소스 중, 시라 와인(와인의 품종 중 하나인 시라 포도로 만든 레드 와인)으로 조려서 만드는 소스.

굴 매생이 칼국수 _{2인분}

매생이 100g, 굴 200g, 생 칼국수 면 350g(2인분),
마늘 2개, 참기름 1작은술,
국간장 1큰술(없다면 까나리 액젓 1큰술도 좋음),
물 7컵, 소금 약간

01 매생이는 깨끗한 물에 넣어 휙휙 저어가며 씻다가 체로 건져 물기를 빼놓는다.

02 큰 냄비에 넉넉하게 물을 담고 끓으면 칼국수 면을 넣고 끓여준다. (칼국수는 오래 삶아야 하므로 먼저 시작한다.)

03 마늘은 칼로 곱게 다져준다. (다진 마늘을 사는 것보다 바로 마늘을 다지면 향이 더 좋다.)
   굴은 살짝 씻어 물기 빼놓는다.

04 다른 냄비에 굴과 ‘01’의 매생이와 다진 마늘, 참기름, 국간장을 넣고 달달 볶아준다.
   5분 정도 볶아준 후 물을 부어 끓이기 시작한다.

05 ‘04’가 어느 정도 끓을 때, 다른 냄비에서 끓고 있는 칼국수 ‘02’를 면만 건져담고 다시 한번 부르르 끓여낸다.
   (국물이 부족하다면 면을 끓여낸 물을 넣어 농도조절을 한다.)

06 ‘05’가 한소끔 끓으면 소금으로 간하고 불을 끄고 그릇에 담아낸다.

- 매생이는 오래 끓이는 것보다 바로 끓인 것을 뜨거울 때 호호 불어가며 먹어야 참맛을 알 수 있다.
- 반면 칼국수는 오래 끓여야 한다. 그래서 손은 조금 더 갈 수 있지만 이렇게 따로 끓이다가 마지막에 같이 끓여내는 게 더 깔끔한 맛이 난다.
  (다만 번거롭다면 그냥 매생이, 굴을 볶다가 물을 붓고 한소끔 끓으면 면을 넣고 푹 끓여먹는 것도 걸쭉한 맛을 즐길 수 있다.)
- 매생이를 볶을 때 주걱은 나무 주걱이 더 좋다.
- 굴은 물에 담가놓거나 오래 씻으면 맛이 약해진다. 씻는 물에도 소금을 약간 첨가하면 향이 더욱 진해진다.

매생이 굴 파스타 2인분

굴 200g, 매생이 50g, 채 썬 베이컨 20g,
저민 마늘 4개, 다진 파슬리 약간,
생 비트 파스타 400g

베이컨 크림 소스 생크림 1컵, 저민 베이컨 3장,
파르마산 치즈 간 것 1/4컵, 계란 노른자 1개, 다진 양파 3큰술

생 비트 파스타 중력분 450g, 소금 약간, 계란 4개, 비트즙 40ml,
식용유 20ml (안넣어도 무방하나 넣으면 면이 더 쫀득하다)

01 마늘을 올리브 오일에 넣고 중불에서 볶는다. 거기에 베이컨을 넣어 볶고, 다진 양파도 넣어 볶는다.
매생이와 굴을 넣고 살짝 볶는다.

02 물에 소금을 짭짤하게 넣어 끓으면, 불을 줄이고 생 비트 파스타를 넣고 삶는다. 약 4분 정도만 익힌다.

03 베이컨 크림 소스 재료(생크림과 파르마산 치즈, 계란 노른자)를 볼에 넣고 잘 섞은 후 '01'의 팬에 넣고
살짝 끓인다. 넘치지 않게 주의하면서 삶은 파스타를 넣고 버무린다.

생 비트 파스타 (만드는 방법은 150쪽 사진 참조)
- 밀가루, 소금을 수북이 쌓고 가운데를 오목하게 판 후, 계란과 비트즙을 넣고 재빨리 섞는다.
- 반죽을 원형으로 뭉쳐 상온에서 1시간 정도 휴지시킨 후 밀대로 얇게 밀어 5mm 너비로 자른다.

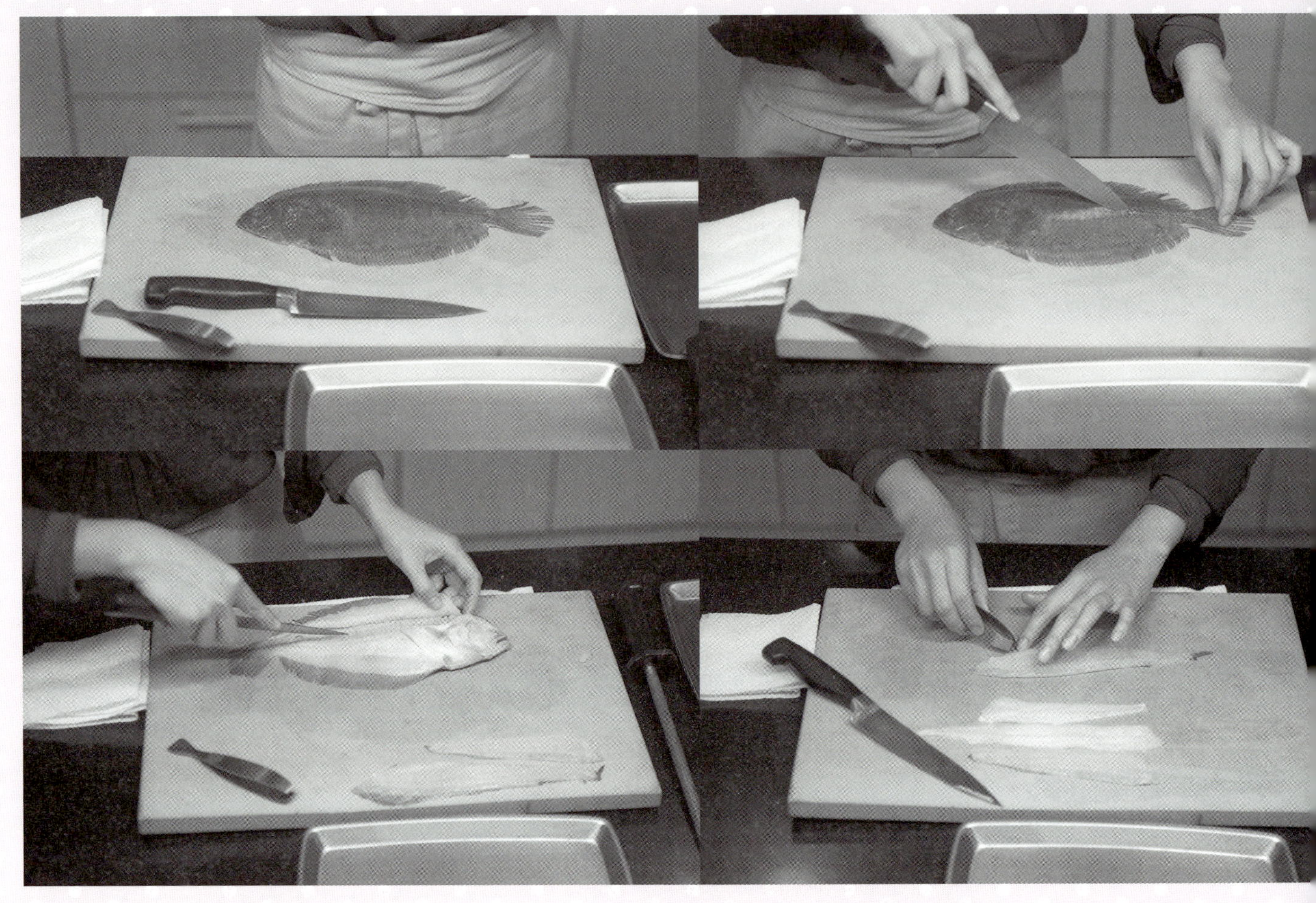

가자미 4장으로 포 뜨는 방법

01   가자미는 구입시 비늘을 긁어달라고 요청한다.

02   도마, 칼(필레 나이프 fillet knife, 칼날이 얇고 유연한 칼로 생선포를 뜰 때 유용한 칼)과 집게를 준비한다.

03   도마 위에 가자미를 올리고 중앙 부분을 가로지르는 선을 따라 칼 끝부분(tip)으로 쭉 긋는다.

04   입과 눈이 있는 얼굴 부분이 다이아몬드 형태가 되도록, 몸통과 얼굴의 경계 부위를 칼로 긋는다.
　　　왼손으로 그 틈새를 잡고 칼로 뼈와 살 부분을 조금씩 긁는 느낌으로 잘라나간다.
　　　(이때 뼈에 살이 최소한 남는 것이 중요하다. 뼈와 칼이 가볍게 만나 드륵드륵 하는 소리가 들리면 살이 온전하게 잘 떨어지고 있다는 증거이다.)
　　　너무 세게 칼질을 하지 않는다.

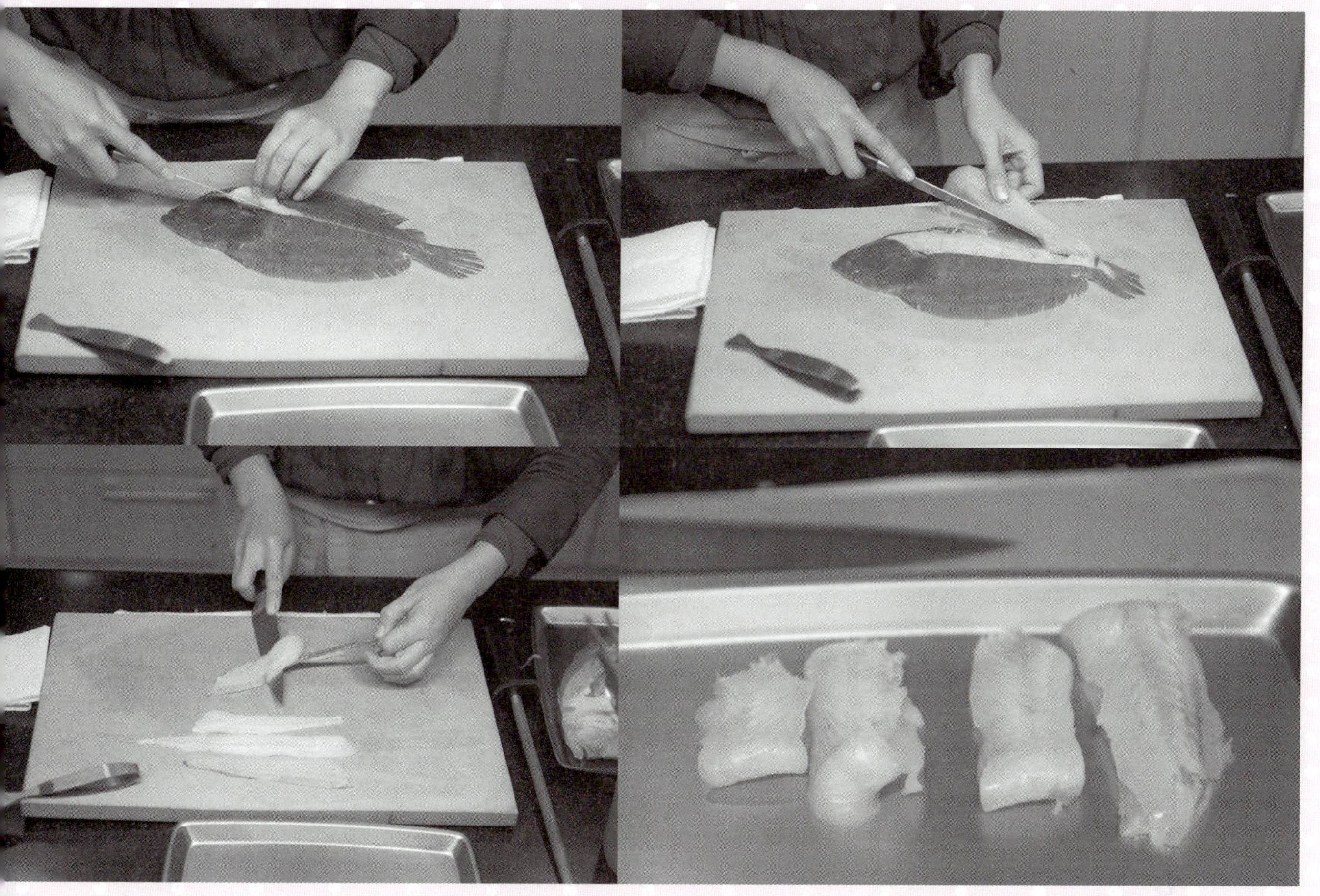

05 지느러미 부분까지 살과 뼈를 분리시켜나간다. 칼로 끝부분을 도려낸다. 1장이 떠진 것.

06 같은 방식으로 남은 3장을 더 뜬다.

07 껍질 부분을 도마에 맞닿게 놓은 후, 꼬리쪽부터 살살 살과 껍질을 분리시킨다.

　 왼손으로 껍질을 꼭 잡고 칼날을 껍질과 살 사이를 미끄러지듯 이동시킨다.

　 껍질을 잡은 왼손을 가볍게 좌우로 흔들면서 칼날이 미끄러지게 하면 된다.

08 깨끗한 그릇에 필레(fillet 생선포)를 차게 보관한다.

파스타 만드는 방법

01 넓고 평평한 곳을 깨끗히 닦고, 밀가루를 올린다. 손가락으로 가운데 부분을 화산처럼 오목하게 파준다.

02 계란을 그 가운데에 넣고 물 또는 퓨레를 첨가하여 포크로 저으면서 밀가루와 섞어나간다.

03 손과 스크래퍼를 이용하여 반죽을 모아 둥글게 만든다. 랩으로 가볍게 감싸 냉장고에 휴지시킨다.

04 밀대와 밀가루를 준비하여, 작업대에 밀가루를 솔솔 뿌려준 후 반죽을 올려 밀대로 민다.

05 길죽하게 민 후, 길죽한 면을 삼등분해서 접는다. 다시 반죽을 길죽하게 민다.

06 또 길죽한 면을 삼등분해 접어 또 길죽하게 민다. 약 3번 정도 이런 작업을 한다.

07 얇게 반죽을 밀어, 원하는 모양으로 자른다. 파스타 면발이 달라붙지 않게 밀가루를 솔솔 뿌려준다.

그린테이블에서 자주 쓰는 치즈 종류

01 파르마산 Parmigiano-Reggiano

이태리의 경질 치즈로 소의 우유로 만든다. 커다란 원통형으로 성형해서 최소 12개월 이상을 서늘한 저장고에 두어 숙성시킨다. 겉면은 딱딱해서 먹기가 쉽지 않지만, 취향에 따라 먹어도 무관하다. 치즈를 가는 그리터에 갈아 가루로 만들어 수프, 파스타, 샐러드, 고기 속을 채우는 등 요리에 다양하게 이용할 수 있다. 짭짤하고 진한 고소한 맛이 좋다.

02 그뤼에르 Gruyère

스위스의 경질 치즈로 소의 우유로 만든 크림빛 치즈. 스위스의 그뤼에르 지역의 이름을 땄다. 현재는 프랑스에서 생산되는 같은 타입의 치즈도 그뤼에르라는 이름을 쓴다. 살짝 짭짤하며 크림처럼 고소한 맛과 향은 숙성시킬수록 짙어진다. 겉 껍질은 먹지 않는다.

03 브리 Brie

프랑스의 연질 치즈로 새하얀 외피 속에 크림 같은 향긋한 치즈로 살짝 암모니아 향이 나기도 한다. 겉 껍질은 먹어도 좋다. 카나페로 자주 먹는다.

04 카망베르 Camembert

프랑스의 소 우유로 만든 연질 치즈로 크림처럼 부드럽다. 프랑스 서북쪽의 노르망디 지역에서 만들어졌다. 오리지널은 살균하지 않은 우유로 만드는데 최소 3주 동안 숙성시켜 만든다. 현재 많은 나라에서 살균하지 않은 우유로 유제품을 만드는 것을 강력히 금지하고 있어 엄밀히 말하면 카망베르 치즈가 아니라고 말하는 사람도 있다. 브리 치즈와 겉모습은 비슷하지만 훨씬 더 누런색이고 맛과 향이 강하다. 오래된 것일수록 암모니아 향이 강하다.

05 모차렐라 Mozzarella

이탈리아 치즈로 버팔로 우유, 소 우유, 저지방 우유 등 다양한 재료로 만든 다양한 형태의 모차렐라 치즈가 있다. 숙성시키지 않은 형태의 중간 정도의 연질 치즈(semisoft)로 진공 포장되어 판매되고 있다. 프레시 모차렐라는 원통형의 새하얀 쫄깃한 치즈로 토마토, 바질 잎과 함께 넣어 만드는 카프레제(caprese) 샐러드의 재료로 유명하다. 흔히 접할 수 있는 형태는 좀더 노란색의 치즈로 피자, 라자냐(lasagna) 위의 토핑으로 많이 쓰인다.

식용유 종류

우리가 보통 쓰는 식용유에는 콩기름, 옥수수 기름, 참기름, 들기름 등이 있다.
서양에서는 포도씨 오일, 카놀라 오일, 올리브 오일이 흔히 쓰이는 식용유이다.

01 카놀라 오일

유채의 꽃씨에 있는 기름을 추출한 식용유로 기름 특유의 맛과 향이 적고 담백하다. 가격도 비교적 저렴해 그린테이블에서 즐겨쓰는 식용유이다. 음식을 볶을 때, 튀길 때, 마요네즈의 재료, 샐러드용 드레싱의 재료로도 많이 쓴다.

02 포도씨 오일

포도씨에 있는 기름을 추출한 식용유로 프랑스 지역에서 많이 생산되어 그 지역에서 많이 쓰인다. 발열점이 250℃로 매우 높아 튀김용으로도 훌륭하지만 그러기엔 고가의 식용유이다. 기름 특유의 맛과 느끼한 향이 거의 없어서 재료 고유의 맛을 살릴 수 있다. 샐러드 드레싱의 재료로 사용해도 좋다.

03 올리브 오일

최고 품질의 올리브 오일은 올리브의 향과 맛이 굉장히 진하다. 고품질은 발열점도 낮은 편이라 열을 가하면 좋지 않다. 익히지 않고 샐러드와 같이 무쳐먹는 데 사용하면 좋다.

a. **엑스트라 버진 올리브 오일**(extra virgin olive oil) 생 올리브를 살짝 압축해서 나온 오일로 산도가 1% 이내여야 한다. 샐러드 드레싱에 사용하는 등 열을 가하지 않고 먹는 방법이 좋다. 여과 오일과 비여과 오일로 나뉜다.

b. **버진 올리브 오일**(virgin olive oil) 생 올리브를 살짝 압축해서 나온 오일로 산도가 1~4%이다.

c. **올리브 오일**(olive oil) 또는 **퓨어 올리브 오일**(pure olive oil) 버진 올리브 오일과, 좀더 압착해서 짜낸 후 높은 산도 때문에 정제를 거친 오일을 혼합한 것. 혼합 후 산도는 4~6% 이다.

d. **포마스 올리브 오일**(olive pomace oil) 위의 오일을 짜낸 후 남은 찌꺼기 올리브를 화학 용매를 이용해 속의 오일 성분을 추출한 것으로 산도를 낮추기 위해 정제가 필요하다. 버진 올리브 오일과 혼합하는데, 먹을 수 있는 올리브 오일 중 최하 품질의 오일. 음식을 익히는 데 사용하면 좋다.

팬의 종류

pan 팬: 넓고 낮은 형태로 프라이팬 같은 형태   **pot** 팟: 높은 형태로 냄비류

01 **프라이팬** 넓적하고 낮으며, 긴 손잡이가 달린 팬. 음식을 부치거나 볶을 때 사용한다.

02 **소스 팟** 좁고 높으며, 긴 손잡이가 달린 팬. 소스를 조릴 때 쓰고 바닥이 두툼한 것이 좋다.

03 **웍** 중국인들의 팬으로 프라이팬의 바닥이 둥근 형태. 많은 양의 재료를 한 번에 볶을 수 있어 편하다.

04 **팟** 넓고 깊은 냄비로 양 손잡이가 있다. 많은 양의 재료를 삶고 익힐 때 쓴다.

재질에 의한 분류

01 **스테인리스 팬** 녹슬지 않는 스테인리스로 만든 팬(냄비, 프라이팬 등)으로 요즘 코팅 팬의 재료가 몸에 안 좋다는 인식으로 다시 부활하고 있다. 눌러붙어 요리하기가 쉽지는 않지만, 예열을 잘 해서 사용한다.

02 **코팅 팬** 재료가 팬에 눌러붙는 것을 방지하기 위해 개발된 팬으로 겉면에 코팅재를 발랐다. 타고 눌러붙지 않아서 사용이 편리하다. 단, 코팅이 벗겨질 수 있으니 날카로운 금속 재질의 뒤집개나 젓개 등은 사용하지 않는 것이 좋다.

요리하는 여자들의
달콤쌉싸름한 활약기

요리 강의, 요리 칼럼 기고, 푸드스타일링(광고, 잡지, 텔레비전 촬영)
케이터링 서비스, 레스토랑 컨설팅……
요리를 사랑하는 그녀들의 무대는 주방만이 아닙니다.
카메라 앞에서 대중 앞에서 더 당당하고 아름다운 푸드 피플!
그린테이블은 요리를 사랑하는 모든 푸드 피플에게 새로운 비전을 제시합니다.

요리하는 세 자매, 그린테이블로 뭉치다

2006년 4월, 아직은 쌀쌀한 봄날 아침이었다. 여느 때처럼 느지막이 일어나 파크 애비뉴의 카페로 출근 준비를 하고 있을 때 핸드폰에 82로 시작되는 반가운 전화가 걸려왔다. 윤정 언니가 시차 계산을 해서, 한국에서는 자정이 넘은 시간에 전화를 한 것이다.

"그린테이블…… 어때?"

몇 주 전부터 계속 생각했던 단어를 조심스럽게 말했다.

"그린테이블? 느낌 좋은데!"

"뭔가 따뜻하고 건강한 느낌이 드는 이름이지?"

"응! 응!"

수정, 윤정, 은희 세 자매가 '그린테이블' 이란 이름으로 함께 요리를 하기 두 달 전의 일이다. 내가 뉴욕에서 이름을 지을 때 두 언니들은 서울에서 작업실을 꾸미고 있었다. 예술의전당 근처의 일층 주택을 개조했다. 오래된 집이라 기본 골격부터 다시 잡아가면서 내부 공사를 했고 쓰레기와 돌덩이가 수북이 쌓여 있던 조그만 정원에는 잔디를 심었다.

삼 년이 넘는 시간 동안 요리학교를 다니고 요리사로 일하면서 못 해봤던 여유로운 뉴요커의 생활을 이제 막 시작하려는 중이었다. 직접 가서 돕지 못해 미안했지만 언니들의 배려로 뉴욕에서의 마지막 두 달을 오롯이 나만의 시간으로 꾸릴 수 있었다. 워킹 비자가 만료된 후 육십 일은 비자 없이도 체류가 가능하다. 좀더 하고 싶었던 와인 공부와 칵테일 공부를 하면서 조리 도구와 소품을 구입하기에는 두 달도 빠듯한 시간이었지만 이 모든 것이 내게는 놀이이고 즐거움이었다.

2006년 6월 24일, 처음으로 서초동 그린테이블에 세 자매와 두 살배기 진교가 모여 앉았다. 푸드스타

일리스트로 팔 년 넘게 왕성하게 일하고 있는 윤정 언니는 내가 없는 삼 년 사이에 결혼도 하고 아기까지 낳았다. 워낙 이 일을 좋아하고 열심이어서 도무지 결혼할 사람으로는 보이지 않던 언니인지라 아내와 엄마로서의 윤정 언니는 낯설었지만 아이 덕에 요리에 더 관심을 갖게 되었다고 하니 그린테이블의 멤버로서 더할 나위 없는 조건을 갖춘 셈이다. 그리고 처음 만난 조카 진교는…… 언니와 형부를 쏙 빼닮은 모습이 신기하면서도 너무나도 사랑스러워 한동안 나는 눈을 뗄 수가 없었다.

아직은 선선한 초여름, 정원 귀퉁이의 통통한 부레옥잠이 비를 맞아 싱그러웠다. 오랜만에 만났지만 여느 자매들이 그렇듯 담담했던 우리 세 자매는 그린테이블에 대한 서로의 애정을 확인하며 재회의 기쁨을 나눴다.

'그린테이블'은 건강한 식재료로 가득 채워진 식탁을 생각하면서 만든 이름이다. 컨설팅을 공부한 큰언니 수정과 푸드스타일리스트 작은언니 윤정, 그리고 늦은 나이에 요리가 좋아 무작정 요리 유학을 다녀온 나, 이렇게 평생 요리에 관련한 일을 하면서 사는 것이 꿈인 세 자매가 힘을 합쳐 만든 건강하고 행복한 식탁, 그린테이블.

그린테이블은 그렇게 초여름 푸른 잔디와 함께 시작되었다.

첫 요리수업, 해피 크리스마스

그린테이블은 요리에 관한 일을 하는 곳이다. 누군가 그린테이블이 어떤 곳이냐고 물을 때 대답하는 내 첫마디이다. 그 한 마디 뒤에 바로 이어지는 얘기는 참 길기도 하다. "푸드스타일리스트인 언니와 요리사인 제가 함께 꾸려가는 요리 공간인데요, 푸드 칼럼도 즐겨쓰고요, 레스토랑 컨설팅에 메뉴 개발과 스타일링도 하고, 작게 요리수업도 합니다. 어쨌든 요리가 너무 좋아 평생 요리를 하면서 살고 싶은 자매들이 있는 곳이에요."

지금이야 처음 만나는 사람들과도 스스럼없이 대화하고 막힘없이 강의하지만 내 성격은 원래 참 내성적이다. 현재형을 쓴 이유는 여전히 내성적이기 때문이다. 가끔 일 때문에 활발하게 얘기를 하려고 노력하지만 집에서 라디오를 듣고 책을 보며 노는 걸 여전히 더 좋아한다.

2006년 7월에 귀국하고 처음 몇 달은 『접시에 뉴욕을 담다』의 출간을 준비하느라 정신없이 보냈다. 출판사를 찾아다니고, 원고를 쓰고, 마무리 작업을 하는 동안 더운 여름이 다 갔다. 바람이 시원한 가을이 되니 슬슬 수업을 해야겠다는 생각에 밤잠을 설칠 정도가 되었다. 원래 배우는 것을 좋아하는 성격 탓일까? 열심히 배워온 '요리' 라는 것을 다른 이들과 나누고 싶었다. 음식 만드는 것을 좋아하는 사람, 먹는 것을 좋아하는 사람들에게 내가 요리하면서 누렸던 기쁨을 알려주고 싶었고 나누어먹는 행복을 함께하고 싶었다.

화보촬영을 하던 잡지에 작게 광고를 냈다. 크리스마스 특강으로 '연인과 보내는 따뜻한 크리스마

스, 친구들과 보내는 즐거운 크리스마스'. 테마는 좋아하는 사람들과 요리를 만들고 함께 먹는 특별한 크리스마스를 그린테이블에서 보내자는 것이었다. 메뉴는 평소 자신 있는 초콜릿 소스를 곁들인 안심 스테이크와 노엘 케이크˚. 잡지는 매달 말에 다음 달 호가 출간된다. 그러니까 11월 20일부터나 독자에게 노출되었던 셈이다. 과연 몇 명이나 수강 신청을 할까? 가슴 떨리던 며칠이 지나고, 정말 전화가 걸려왔다.

첫 수강 신청자는 이름이 많이 친숙한 사람이었다. 목소리가 크고 또렷하고 왠지 모르게 굉장한 자신감이 느껴지는 목소리까지, 혹시 그 사람일까? 평소 당당한 모습에 좋은 느낌을 가지고 있던 연예인이 잠시 생각났지만 설마⋯⋯ 하면서 수화기를 놓았다. 그리고 이후 약 한 달 동안 여섯 커플이 신청을 마쳤다. 오전 반 두 커플, 저녁 반 네 커플로 조촐한 나의 첫 수강 신청이 마감되었다.

지금은 수업 전날 장을 보고, 단시간에 프렙˚을 끝내고 편안한 마음으로 수업에 임하고 있지만 그때는 처음으로 수강생 앞에 서는 거였으니 얼마나 떨렸는지 모른다. 수업 전날 하루 종일 노엘 케이크에 쓰일 제누아˚ 시트를 구웠다. 속에 들어갈 초콜릿 머랭 버터 크림˚도 준비하고, 며칠 전 방산시장에서 구입해놓은, 케이크를 장식할 사탕과 스프링글스들을 볼에 담아놓고⋯⋯ 이렇게 준비를 다 해놓고도 밤에는 잠도 설쳤던 것 같다.

미리 만들어놓은 초콜릿 소스의 달콤한 향기가 감도는 아침, 마당에는 며칠 전 내린 눈이 아직 녹지 않고 쌓여 있었고, 소담스런 감나무에는 유리 소재의 크리스마스 장식이 빛을 받아 반짝였다. 담장 너머에서 나의 첫 수강생들의 웅성거림이 들려왔다. 그리고 첫발을 내딛은 사람, 어머나, 변.정.수. 정말 그 사람이었다. 떨리는 마음이 조금 더 뛰기 시작했다.

그때 무슨 말로 수업을 시작했는지 기억도 나지 않는다. 아침을 못 먹고 온 수강생들은 배고프다고 빨리 만들어서 먹자고 성화였다. 서두르는 학생들 때문에 정신이 없어졌다. 지금 같으면 '좀 참고 제대로 배웁시다!' 라고 말을 했을 텐데, 그때는 그 한마디를 못하고 학생들의 페이스에 맞춰야겠다는 생각뿐이었다. 수업이 매끄럽게 진행될 리가 있나. 마음은 분주하기만 하고, 해야 될 일은 또 많고…….

노엘 케이크에 대한 설명도 대충하고, 만들기에 돌입했다. 제누아 반죽하는 법을 끝내고 오븐에 넣었다. 그 사이 어제 구운 시트지를 커플당 한 장씩 나눠주고, 속에 들어가는 크림 만드는 방법을 시연했다. 시럽을 바르고 생크림을 바른 후 노엘 케이크로 돌돌 말고, 한 쪽을 잘라 위에 세워 통나무 느낌을 살렸다. 초콜릿 버터 크림을 겉에 바르고 포크로 나무껍질처럼 거칠게 질감을 냈다. 그리고 생딸기를 잘라 장식을 했다.

오전반은 부부들이라 아이를 데려와서, 노엘 케이크 장식을 열심히 했다. 요리 수업이라기보다는 초등학교의 미술 공작 시간 같은 느낌이었다. 안심을 굽고, 감자로 꽃 모양의 안나 포테이토*를 만들어 버섯과 채소 볶음에 곁들여 초콜릿 소스를 뿌린 안심 스테이크를 만들었다. 선물로 와인을 한 잔씩 따라주고 나서야 비로소 안도의 한숨을 쉬었다. 수업이 재미있었냐고 묻지도 못했다. 내 스스로 별로 만족을 못했던 허둥지둥 수업이었으니 물을 자신이 없었다. 준비를 많이 한다고 했는데, 역시 음식을 맛있게 만드는 것과 설명하면서 시연하는 일은 완전히 다른 일이었고 수업은 요리보다 더 어려웠다. 내 자신이 많이 실망스러웠지만, 같은 수업이 한 번 더 있으니 그때는 만회를 해야지 하며 고쳐 생각했다.

저녁 수업은 같은 내용이고, 수강생들도 젊은 커플들이라 화기애애하게 좀더 강사다운 모습을 보여줄 수 있었다. 수업을 끝내고 함께 테이블에 앉아서 얘기도 나누고 즐거운 크리스마스를 보내자고 와인으로 건배

했다. 속으로 나는 앞으로 이루어질 수업을 위해 파이팅을 외쳤다. 그때의 기원 덕분인지 첫 수업 때 수업료를 나름 톡톡히 치른 덕분인지, 그 후로 이 년여 동안 수업을 별다른 문제 없이 매끄럽게 진행해오고 있다.

첫 수업의 떨림을 언젠가 있을 마지막 수업까지 가져갈 수는 없겠지만 첫날의 완벽하고자 꼼꼼하게 준비했던 마음은 아직까지 습관처럼 가져가고 있다. 스스로에게 고맙게도 아직 나는 항상 완벽을 꿈꾸며 준비한다.

- **프렙** 요리할 재료를 씻고 다듬어 준비하는 것
- **노엘 케이크** 크리스마스에 먹는 통나무 모양 롤 케이크
- **제누아** 계란 흰자를 거품 내 반죽을 만들어 쉬폰처럼 폭신한 촉감을 갖고 있다. 케이크 시트로 많이 쓰인다.
- **머랭 버터 크림** 거품을 낸 계란 흰자와 뜨거운 설탕 시럽을 넣어 만든 머랭에 버터를 넣어 만든 크림으로 케이크 장식에 많이 쓰인다.
- **안나 포테이토** 얇고 둥글게 자른 감자를 켜켜이 붙여 팬케이크처럼 만들어 구운 감자.

첫 광고 촬영, 냄새와 졸음에 넉다운 되다

그린테이블을 시작하고 며칠 후 전화가 왔다. 그린테이블의 거의 모든 일은 한 통의 전화에서 시작된다.

테팔 엑스퍼트 코팅 프라이팬 광고 촬영 건이었다. 요리하는 모습을 통해 제품의 장점을 보여주는 홍보 영상으로 홈쇼핑이나 마트 등을 통해 노출될 것이라고 했다. 7월 말, 종로구에 있는 본사로 사전 미팅을 가서 담당자를 만났다. 클라이언트는 요리사처럼 익숙하게 음식을 만드는 모습을 요구했다. 보통 스타일리스트가 음식을 준비하고 전문 모델이 요리하는 모습을 촬영하는 방식이다. 그런데 클라이언트가 대부분의 모델들이 요리에 익숙지 않아 숙련된 모습을 담기 힘들고 또 시간이 오래 걸릴 수 있다며 요리사인 나에게 모델까지 제안했다. 다행히 얼굴은 찍지 않는다고 해서, 직접 요리촬영의 모델이 되기로 했다.

먼저 메뉴 리스트를 뽑았다. 젊은 주부를 타깃으로 하는 광고이니, 어렵지 않고 친숙한 메뉴로 구성했다. 오삼불고기, 고구마맛탕, 누룽지탕 등 쉽지만, 보면 군침이 돌고 직접 만들어보고 싶은 그런 요리들로 수십 가지가 결정되었다. 한창 무더운 8월, 서초동 작업실에 매콤달콤한 냄새가 가득했다.

드디어 촬영 당일이 다가왔다. 오후 두 시쯤으로 기억한다. 지금은 없어진 압구정에 있는 한 푸드스타일리스트의 작업실을 대여해 여덟 시간 정도로 촬영을 끝내자는 계획이었다. 찍어야 할 메뉴의 가짓수가 꽤 많아서 그린테이블의 자매와 스태프는 '하루로는 절대 끝나지 않을 텐데……' 걱정을 하면서 갔다.

촬영감독님이 먼저 제품 촬영부터 하겠다고 하여 요리 컷은 제품 촬영이 끝나기를 기다렸다. 준비해 간 식재료들이 몇 시간 동안이나 뜨거운 촬영 현장에 그대로 노출되었다. 요리 촬영을 조금이라도 빨리 끝내기 위해 메뉴 리스트를 순서대로 적어 한쪽 벽에 붙여두고 요리별로 쓰이는 재료끼리 모아두며 순서를 기다렸다.

난생 처음 촬영용 조명을 잔뜩 받으며 조리대에 섰다. 어찌나 눈이 부시고, 얼굴이 따갑던지. 더운 여름날 환한 조명 앞에 서 있는 건 정말 한여름 땡볕에 고스란히 노출된 기분이었다. 아니 그보다 조금 더 뜨거웠다. 중간에 언니가 근처 편의점을 뒤지면서 막내 얼굴 타지 말라고 모자를 사와 씌워줄 정도였다.

테팔 프라이팬을 가지고 음식을 만드는 모습을 필름에 담기 시작했다. 아니나 다를까 어느새 시간은 자정이 훌쩍 넘고, 새벽 두 시가 되었는데 반도 못 찍었다. 시간에 비해 촬영 분량이 너무 많았다. 도저히 밤을 새도 끝내지 못할 분량이라 일단 중단한 후 하루 더 촬영을 하기로 했다. 비몽사몽 간에 후다닥 정리를 하고 각자 집으로 가서 잠시 눈을 붙였다.

저녁 여덟 시에 다시 촬영이 시작됐다. 하룻밤이 지난 후에 살펴본 재료들은 상태가 영 좋지 않았다. 스케줄 상 다시 사올 수도 없어 그냥 진행은 하기로 했는데 걱정했던 대로 오징어와 낙지 같은 해산물에서는 상한 듯한 냄새가 폴폴 났다. 그래도 불행 중 다행으로 촬영 감독의 화면에는 먹음직스럽게 찍히고 있었다. 빨갛게 윤기가 자르르 흐르는 오삼불고기는 지글지글 주걱으로 마구 저어가면서 볶고, 스파게티는 손목의 스냅을 이용해 프라이팬 안에서 통통 튀게 했다. 그럴 때마다 감독과 클라이언트가 연신 "우아" "아주 좋아요" 라는 감탄사를 연발해 촬영장의 분위기를 돋우었다. 피곤한 가운데서도 웃지 않을 수 없었다. 귀국한 지 채 한 달도 안 된 상태로 유난히 잠이 많던 시기여서 새벽 세 시가 넘어서부터는 거의 졸다시피 촬영을 했다. 몸은 움직이는데 머리는 멍한 상태. 나뿐만 아니라 모든 스태프들이 졸음에 겨워 굼뜬 몸을 이리저리 부지런히 움직여야 했다.

새벽을 훌쩍 넘기고, 아침 여덟 시가 되어서야 스튜디오를 나올 수 있었다. 저녁 식사도 못하고 밤을 꼴딱 새운 거였어서, 헤어지기 전 유명한 설렁탕집에 갔다. 반도 못 먹고 꾸벅꾸벅 졸기 시작했다. 내 첫 번째 촬영은 참으로 무지막지한 기억을 남겼다.

며칠 전 KBS 〈비타민〉 촬영에 필요한 그릴 팬을 사러 윤정 언니와 함께 양재동에 있는 이마트에 갔다. 장을 보고 계산대에서 순서를 기다리고 있는데 그날따라 계산대의 줄이 꽤 길었다. 심심하던 차에 두리번두리번 주위를 둘러보았는데,

"앗, 익숙한 저 앞치마는……."

"아하하하."

계산대 앞에 테팔 프라이팬 판매대가 마련되어 있었고 화면에서는 막 오징어볶음을 만드는 중이었다. 잊지 못할 냄새, 졸음과 싸우면서 찍었던 촬영의 결과물을 딱 이 년 만에 보게 된 셈이다. 언니와 마주보고 시익 웃었다. '누가 알아보면 곤란한데' 이러면서 말이다.

진교 모델 되다

예전 서초동 작업실의 마당에는 우리 자매들이 이사 오면서 힘들게 직접 심었던 잔디가 쑥쑥 자랐고, 돌 화분 안에는 탱글탱글하게 자란 부레옥잠이 보라색 꽃을 피웠다. 뜨거운 땡볕에 그늘이 더 짙던 날, 모덕진 기자가 환한 미소를 지으며 그린테이블을 방문했다. 『까사리빙』 잡지에서 요리와 리빙을 담당하고 있던 모 기자는 요리 화보를 찍자며 일감을 들고 온 것이다.

더운 날 땀을 닦고 있는 그녀를 위해 작업실에 있던 레드 와인에 탄산수를 섞고, 오렌지와 레몬을 저며 넣은 상그리아•를 만들었다. 와인 잔에 세 잔을 따라 시안 상의를 하고 있는 테이블로 들고 갔다. 연신 맛있다, 시원하다는 반응을 보이던 그녀가 아이스크림 화보를 찍자고 했다. 그리고 진교가 꼭 모델로 나왔으면 좋겠다는 말을 덧붙였다. 뽀얀 피부, 포동한 볼살에 사르르 웃는 진교가 너무 귀여우니 꼭 아이스크림 화보에 담고 싶다는 말을 강조하며. 그렇게 '스타일링 김윤정, 요리 김은희, 모델 심진교' 이렇게 셋이서 처음으로 같이 일을 하게 되었다.

화보 이름은 'ICE GREEN'으로, 녹차와 녹색과일로 만드는 시원한 아이스크림이 주제였다. 2007년 8월호 『까사리빙』을 보면 세 살 때의 바가지 머리 진교를 볼 수 있다. 아이스크림은 전날 거의 만들어놓고, 더운 여름에 녹지 않게 하기 위해 드라이아이스를 새벽녘에 배송받았다. 맨손으로 만지면 큰일 날 일, 이사용 목장갑을 끼고 드라이아이스를 커다란 통에 넣어 간이 초강력 아이스박스를 만들었다. 배경과 소품들은 심플한 작업인데, 진교 요놈이 잘해줄지가 관건이었던 촬영.

모델 진교보다 엄마인 윤정 언니와 이모가 더 긴장했던 촬영이었다. 과연 시키는 대로 해줄까? 갑자기 울어버리고 떼를 쓰면 어쩌나…… 신기하게도 진교는 카메라 실장님을 잘 따랐고 말귀를 어떻게 다 알아들었는지 하라는 대로 곧잘 하는 거였다. 의자에 앉아서 녹차로 만든 아이스 바를 맛나게 핥아먹었고, 얼린 오렌지 컵에 넣은 멜론 셔벗을 숟가락으로 떠먹으며 시키지도 않았는데 배시시 웃기도 해서 꽤 빨리 촬영을 끝낼 수 있었다.

독자들의 반응이 궁금하던 차, 얼마 후 잡지사에 미팅을 하러 들렀다가 편집장님의 책상 뒤편 캐비닛에 붙어 있던 진교의 사진을 보았다. 너무 사랑스러워서 프린트를 부탁했다는 그분의 말에 엄마인 윤정 언니는 함박웃음을 터뜨리며 기뻐했다.

• **상그리아** 스페인 사람들이 더운 여름, 와인에 과일과 주스, 브랜디, 얼음 등을 섞어 시원하게 마시는 와인 음료.

그린테이블에게 비타민이란?

텔레비전 프로그램 중 '건강'하면 떠오르는 게 〈비타민〉이다. 매 회마다 주제가 되는 질병이 있고 그 질병 예방에 좋은 식재료를 알려준다. 그리고 그것으로 만들 수 있는 요리를 소개한다. 또한 출연자들의 건강상태를 진단해주고 게임을 해서 이긴 사람이 한 상차림을 받는 걸로 끝나 유익하면서 재미도 있는 프로그램이다.

그린테이블 자매들도 직업병이 있다. 모든 걸 음식과 연관지어 생각하는 것인데 방송을 볼 때 음식이 나오면, 특히 그 음식이 떡하니 한 상 차려진 경우라면, 맛있어 보인다는 생각과 함께 으레 튀어나오는 말이 있다. "누가 했을까? 힘들었겠네" "에구, 저건 힘들게 만들었을 텐데, 촬영이 길어졌나 말라 보인다" 등등.

요리가 나오는 장면에는 대부분 푸드스타일리스트들의 보이지 않는 손이 있다고 생각하면 된다. 2008년 봄, 〈비타민〉 프로그램의 섭외 작가로부터 전화가 왔다. 일단 방송 일을 맡게 되면, 다른 일들보다 훨씬 더 신경을 써야 한다. 그 한 프로그램을 찍기 위해 피디부터 작가, 스태프들까지 많은 사람들이 작업하는 것이기 때문에 엄청 타이트하게 진행이 되고, 만들어야 하는 요리의 가짓수와 양도 엄청나다. 또한 수많은 시청자들이 보는 프로그램이기 때문에 정교해야 함은 당연한 일! 완벽을 기하며 준비하다 보니 꽤나 스트레스를 받게 된다.

다른 일들로 바빠서 〈비타민〉 요리팀을 맡을 여력이 없었지만 한편 좋은 경험이 되겠다 싶어 학생들과 예전 팀장을 주축으로 팀을 구성해서 그 일을 맡기로 했다. 팀장이 알아서 제작진과 진행을 했기에, 일은 그렇게 진척되어가는 듯 보였는데 갑자기 팀장이 못 하겠다고 발뺌을 했다. 처음에는 욕심이 났는데 그녀에게는 너무 버거운 일이라는 것이다. 갑자기 일이 꼬이기 시작했다. 방송국의 작가가 급박한 목소리로 전화를 걸어왔다. 신용의 문제였다. 그 일을 그린테이블의 누군가가 맡아서 하지 않으면 큰일이 날 것처럼 무서운 말들을 늘어놓았다. 제작팀의 입장으로서는 일정에 차질이 없어야 했기에 어떤 방법이든 동원해야 했을 것이다. 결국 방송용 요리 촬영의 경험이 있는 윤정 언니가 맡기로 했다. 나는 새롭게 론칭하는 홈메이드풍 유럽식 레스토랑의 메뉴 컨설팅을 하고 있던 터라 물리적으로 도저히 짬을 낼 수가 없었다. 옆에서 언니를 살짝 도와주는 것밖에.

그 후, 몇 주 동안 그린테이블은 마치 폭탄을 맞은 것 같았다.

월요일 밤 또는 화요일 아침에 메뉴가 결정되어 이메일로 도착하면, 레시피를 뽑고 필요한 식재료를 가락시장의 상점에 전화해 주문했다. 구하기 힘든 재료는 직접 사러 다니고, 매 회 독특한 식기류가 필요했기 때문에 바쁜 와중에도 그릇 가게들로 다리품을 팔아야 했다. 수요일 이른 아침 재료가 도착하면, 스타일리스트 학생들로 구성된 스태프들이 각자 맡은 요리의 프렙을 시작한다. 수요일은 하루 종일 지지고 볶고 필요한 조리도구와 요리들을 식혀 포장해놓고 퇴근을 했다.

목요일 열두 시에 KBS의 로고가 붙어 있는 승합차 두 대가 작업실 밖에 기다렸다. 서둘러 음식과 조리도구가 실린 플라스틱 운반상자를 꾹꾹 눌러 싣고 촬영을 하러 갔다. 방송 작가들이 원하는 '맛있고 예쁘게, 무엇보다 산처럼 수북이 쌓아주세요' 란 말에 부응하기 위해서는 짐이 많을 수밖에 없었다. 도착하면 가져간 접이식 탁자들을 쭉 펴고 요리를 내어갈 세팅을 하고 스탠바이. 세 명의 학생들이 매주 메이크업과 헤어스타일링을 받고, 산뜻한 조리사 복장으로 갈아입고 방송에 출연했다.

금요일에는 촬영팀이 그린테이블 작업실로 와서 음식을 만드는 과정 컷을 하루 종일 찍었다. 몇 달을 그렇게 하고 나니, 좀 익숙해졌다. 그린테이블이 하는 음식의 맛과 세팅이 맘에 들었던지 작가들과 피디들도 그린테이블에 호의적이었고 우리도 작업을 즐길 수 있게 되었다. 매주 촬영이 버겁기도 했지만, 끝나고 나면 느껴지는 안도감과 보람도 꽤 컸다. 몇 달을 하도 대량으로 만들다 보니 이제는 어떤 요리도 두렵지 않다며 정아 팀장이 너스레를 떨었다.

푸드스타일리스트들은 그렇다. 겉으로 보기에는 요리를 아름답게 꾸미는 직업으로 여자들이 하기에 재미있고 멋스러운 것처럼 보일 것이다. 하지만, 우리 자매는 말한다. '푸드스타일리스트라는 직업은 백조와 같아요' 잔잔한 호수 위에 우아하게 떠 있어 겉으로 보기는 평온하고 아름답지만 수면 아래로는 수천 번의 발길질을 하고 있는 백조. 모든 일은 급박하게 진행되고, 그러면서도 완벽해야 한다. 그러기 위해 머리는 깨어 있고 몸은 바쁘게 움직여야 한다. 그러나 물론 새로운 것을 보고 배우는 것을 좋아하는 사람, 음식을 만들고 먹는 것을 좋아하는 사람이라면 그 어려운 일들도 충분히 즐겁게 할 수 있을 거다. 참 그리고 매번 웬만한 이삿짐 못지 않은 짐을 싸고 이고 지고 풀어야 하므로 이삿짐 센터 청년 정도의 뚝심과 팔 힘도 필요하다는 것!

인간극장 출연, 그 진정성에 대한 회의

2006년 연말에 KBS 〈인간극장〉 외주 제작팀에서 전화가 걸려왔다. 요리하는 자매들로 인간극장을 찍고 싶다는 얘기였다. 우리가 무슨 텔레비전에 출연하냐며 정중히 거절했다. 일 년이 훌쩍 지난 2007년 12월 또 출연 섭외가 들어왔다. 그린테이블에 피디분과 방송 작가분이 직접 찾아왔다. 아무래도 아닌 것 같다고 생각해서 죄송한 마음이었지만 거절했다.

얼마 안 되어 또 다른 피디가 찾아왔다. 파티트리 일로 전날 늦게까지 일을 하고, 그날은 새벽같이 출근해서 막바지 파티 음식을 꾸려 케이터링*을 나가기 직전이었다. 그 피디는 좀 남달랐다. 요리하는 사람들을 제대로 찍어보고 싶다고 했다. 출연할 생각이 없다는 말에, 어떻게 일을 하는지 보기만 하겠다는 거였다. 찾아오신 분이라 마냥 앉아 있는 게 안쓰러워 파티용으로 만든 컵케이크와 훈제 연어 샌드위치를 조금 내어 드렸다. 행사장까지 따라오겠다는 말에 주체 측에 전화해 미리 양해를 구했다.

마이크가 달린 작은 방송 촬영용 카메라를 들고, 파티 준비를 하는 우리의 모습을 담기 시작했다. 내 파티용 요리는 좀 손이 많이 간다. 밑에 오븐에 구운 크루통*을 깔고 치커리를 놓고 매콤한 날치 소스를 짜놓고, 겉면을 살짝 구워 두툼하게 썬 참치회를 올린 후 피클로 만든 망고를 올려야 완성되는 카나페*. 만드는 걸 보더니 급기야 갑자기 질문을 했다. 파티 일하는 게 급선무여서 뭐라 대답했는지는 잘 기억도 나지 않는다. 다만, 텔레비전에 우리가 나가도 되는지 잘 모르겠다는 대답으로 완곡히 거절을 표하고 그날 헤어졌는데……

며칠 후, 권현정 작가님을 처음 만났다. 〈인간극장〉의 대본을 쓰시는 작가인데, 자매들이 안 나가겠다고 고집을 피우니 최후의 용병을 섭외한 거였다. 그녀는 〈인간극장〉은 진정성이 느껴지는 대상을 섭외한다고 말문을 띄웠다. 요리가 좋아 함께 일을 하고 있는 자매의 이야기를 꼭 쓰고 싶다고 진심이 가득 담긴 눈을 한 피디와 작가가 우리들 앞에서 간청하고 있었다. 그린테이블 자매들이 뭐 별거라고 이렇게나 간절히 원하시나 싶고, 감사한 마음도 들었다. 열심히 일하는 모습을 보여주면 되지 않을까 싶은 마음에 고개를 끄덕였다.

● **케이터링** 요리를 만들어 외부의 행사장으로 가져가는 외식업의 한 형태로 주로 파티용 요리이다.
● **크루통** 바게트 빵을 잘라, 소금, 후추, 식용유를 살짝 발라 오븐에 바삭하게 구운 것.
● **카나페** 빵 위에 음식을 올린 요리로 포크 없이 손으로 집어 먹어도 될 만한 음식.

그 후 약 한 달여 동안 꽤 힘들었다. 타인을 사진에 담는 건 좋아한다. 사람보다는 풍경을 담는 걸 더 선호한다. 그리고 그린테이블의 자녀들은 요리 재료와 대화하고 음식을 만들어 사진 찍는 일을 한다. 한번도 찍는 대상이었던 적이 없었다. 물론, 인터뷰할 때 잠시 어색하게 찍히긴 했지만서도. 그런데 〈인간극장〉 출연이라는 게 일상을 찍혀야 한다는 점을 간과했던 거였다. 말투도 로봇처럼 뻣뻣하게 말하고, 일하는 것도 어색하게 하고 그렇게 한 일주일을 보낸 것 같다. 특히, 막내인 내가 제일 카메라 울렁증에 시달렸다.

매일 촬영 감독님과 피디님이 예전 그린테이블로 아홉 시 정도 출근했다. 일하는 걸 찍고, 함께 밥을 먹고 퇴근도 함께 했다. 며칠은 퇴근 후 집에까지 따라왔다. 세수한 후의 얼굴로, 외출복이 아닌 집에서 입는 옷을 입고 인터뷰하기를 원했다. 아, 이렇게 어색하고 불편한 한 달을 어찌 참아야 하나…… 그런데, 신기하게도 어느 순간부터 그냥 출근해서 함께 일하는 게 어색하지 않게 되는 날이 있긴 했다.

중간에 큰 파티도 있었다. 장을 보러 하나로마트, 이마트, 코스트코, 가락시장 등을 함께 다녔다. 소품을 구하러 간 방산시장을 가는 날에는 함박눈이 펄펄 내렸다. 카메라를 한 손에 쥔 채 감독님과 피디님도 동행했다. 파티 전날 음식을 하느라 거의 밤을 꼬박 세우고, 방배동 집에 스태프들도 함께 가서 잠시 눈을 붙

였다. 카메라는 그 다음날 새벽부터 가동되었다.

남들한테 힘든 모습을 보이는 게 싫다. 그래서 다음날 거의 기절해서 집에 꼼짝도 못 하고 누워 있었다. 작업실에 가면 틀림없이 카메라가 있을 거고, 힘든 모습을 보이는 건 정말 싫으니까…… 약 이 주의 편집을 거친 후 텔레비전에 나온 우리 자매들의 이야기는 〈미녀들의 식탁〉이란 제목을 달고 있었다. 제목이 왠지 좀…… 그랬다. 불편했다.

처음 이틀 동안은 꽤 재미있게 봤다. 우리들 일하는 모습이 그대로 비춰졌다. 어떻게 하면 더 좋은 결과를 낼까 계속 생각하고 만들어가는, 음식이 있는 공간의 모습이 비춰졌다. 블로그에는 좋은 글들이 가득했다. 우리랑 동감하는 사람들이 있다는 것이 참 행복했다. 그런데 사흘째인가 아침에 언니가 다급한 목소리로 전화를 했다. 인터넷에 우리 업체를 〈인간극장〉이 광고하고 있다는 글이 떴다는 거였다. 서둘러 인터넷에 접속해서 글을 확인했다. 모 사이트의 객원기자가 쓴 글로, 게시판에 달린 익명의 글을 읽고 짜깁기한 글이었다. 그 기자와 힘겹게 통화를 했다. 자신의 의견이 아니라 다른 이들의 의견을 그대로 옮겨적었을 뿐, 자신의 잘못이 아니라는 무책임한 말을 했다. 누가 썼는지 알지도 못하고 자초지종을 제대로 조사해보지도 않고 기사를 쓰고 발뺌할 수 있다는 사실이 참 기가 막혔다. 밑에 달린 댓글은 더 억측의 내용이라 놀라웠다. 대문 앞에 놓여 있던 다른 사람의 외제 승용차를 우리 자매들 거라고 착각해서, 그런 차를 모는 된장녀들이 〈인간극장〉에 왜 나오냐는 말부터 시작해 집에 돈이 많아서 돈을 안 벌어도 되는 자매들 '생쇼' 하는 걸 왜 보여주냐까지. 너무 손이 떨려 일부러 안 읽으려고 노력했지만, 참 세상에는 꼬아서 보는 사람들이 많다는 걸 깨닫게 되었다.

〈인간극장〉을 만드시는 피디, 작가, 촬영 감독님, 그리고 우리 자매들까지 한 달여 동안 요리하는 자매들의 일상을 꾸밈없이 담아보려 한 노력이 희석되는 느낌을 받아 많이 슬펐다. 우리가 하는 일들이 화면

안에서는 그리도 쉬워 보였을까? 그래도, 우리들 모습을 보고 다시 한번 더 열심히 살아야겠다는 결심을 했다는 이의 글을 읽고는 이렇게 느끼는 이들이 더 많을 거라고 고쳐 생각했다. 즐겁게 일하는 모습을 좋게 보고 힘을 얻었다는 사람들만 생각하기로 했다. 긍정적인 생각과 사람들이 세상을 더 밝게 만들어간다는 것을 믿으니까……

한 달 후 스태프들을 대동한 권 작가님, 이 피디님께서 그린테이블을 다시 찾아주셨다. 그동안 제대로 음식 대접 한 번 못했던 것이 못내 아쉬웠던 차에 자매들이 뒤늦게 뒤풀이 자리를 마련했던 것이다. 촬영 내내 빈손으로 퇴근하던 피디님에게 원망 섞인 눈빛으로 화면에 담기던 맛난 음식을 싸오라고 타박했다던 스태프도 함께했다. 매번 촬영한 것들을 확인하면서, 침을 꼴깍꼴깍 삼켰다던 바로 그 스태프도 왔을까?

대문을 들어서는 손님들에게 그린테이블이 파티할 때 손님들 손에 젤 먼저 쥐어주는 '원샷잔'을 먼저 건넸다. 당황 반, 즐거움 반이 섞인 표정으로 다들 라즈베리 퓨레가 들어간 샴페인(라즈베리 벨리니)을 한입에 털어넣고 음식이 마련된 자리에 앉아 저녁 식사를 했다. 참치와 사과를 저며 함께 먹는 참치 샐러드, 감자를 돌려 구운 가자미 요리, 모차렐라 치즈가 쭉쭉 늘어지는 그라탱, 부드러운 감자 퓨레와 아삭한 아스파라거스를 곁들인 쇠고기 스테이크 등을 준비한 와인과 함께 들었다. 우리 자매들은 그 파티를 준비할 때 즐거웠다. 그리고 앞으로도 좀더 즐겁게 요리를 하겠다는 다짐도 했다.

그 온갖 해프닝이 있은 지 벌써 일 년이 지났다. 우리는 여전히 요리를 하고, 음식에 대한 글을 쓰고, 메뉴를 만들고, 요리 촬영을 하고 있다. 푸드스타일리스트가 되고 싶은 꿈을 이루기 위해 다니던 직장을 그만두고 밤잠을 거의 못 자며 일을 시작했던 윤정 언니, 늦은 나이에 요리가 좋아 무작정 요리 유학을 다녀온 나, 이런 우리를 그린테이블에 하나로 융합시켜주는 수정 언니, 우리 셋은 아직도 꿈은 이루어진다고 믿고 일하고 있다. 지금 당장 일이 생각대로 되지 않더라도 실망하지 않는다. 꿈을 계속 마음속에 품고 열심히 살다 보면 오랜 시간이 흘러 꼭 꿈꾼 그대로 살고 있는 나를 발견하게 될 것이라 믿는다. 힘든 일이 생기더라고, 일이 마음대로 되지 않더라도 절대로 실망하지 않고 웃으면서 노력하기로 다시 다짐해본다.

Everything will flow. 모든 일은 흘러가기 마련이니까.

아버지의 밭

어릴 적 우리 집은 이사를 자주 했다. 고등학교 2학년부터는 지금 집에서 살고 있지만, 그 전까지 대략 스무 번 정도 옮겨다녔다. 아버지의 직업 때문이었다. 아버지는 서른이라는 늦은 나이에 경찰 임용시험에 합격해 평생 경찰로서 일을 하셨다. 인사발령에 맞춰 아버지를 따라 우리 식구는 이사를 해야 했다.

평생 이사를 거의 해본 적이 없는 친구들이 정말 부러웠다. 초등학교 들어가기 전에는 너무 어려서 기억이 나지 않지만 초등학교만 네 군데를 다녔다. 전학 다닐 때마다 헤어진 친구들이 그립고, 새로운 환경에 적응하느라 꽤 스트레스를 받았던 것 같다. 그래도 언니들이 많아서인지 다행히 빨리 적응을 했지만 말이다. 워낙 자주 옮겨다니고 헤어짐을 반복하다 보니 타인과 정을 쌓는 연습을 못하고 사춘기를 보낸 것 같다. 그 자리를 책과 음악, 그리고 언니들이 차지했다.

아버지는 엄격하고 딱딱한 분이셨다. 동시대분들에 비해 큰 키로 백칠십팔 센티미터나 되는 아버지는 항상 올려다봐야 했던 무서운 분이셨다. 그런 아버지가 몇 해 전 정년퇴직을 하신 후로는 많이 부드러워지신 느낌이다. 가까워진 느낌도 있지만 그래도 기력이 한풀 꺾이신 모습에 막내딸은 가끔 울컥울컥 하곤한다. 나이가 들수록 부모님의 커다란 사랑이 새삼 느껴져 항상 열심히 살아야지 하는 마음을 갖게 된다.

아버지는 너무 가난해서 경찰이 되었다고 하셨다. 이미 어머니와 결혼을 하신 상태였는데 사는 게 힘들어져 시험 공부를 하셨단다. 알뜰한 어머니와 함께 안 해본 일이 없으셨다는 말씀을 들었다. 어릴 적 우리 자매들은 용돈도 거의 받은 적이 없다. 전깃불이며 수돗물이며 모든 것을 다 아껴야 했다. 뭘 저렇게까지 해야 하나 싶을 적도 많았는데, 지금 생각해보면 그렇게 절약을 하셨기에 우리 자매들 모두에게 대학교육을 시켜주셨지 싶어 그때 투정했던 내가 너무 부끄러워진다.

정년퇴직 후, 나는 요리 공부를 한답시고 뉴욕으로 떠났다. 언니들은 결혼해서 출가했거나 일 때문에 다른 지역에 있었고 남동생은 입대해 군 복무를 하고 있었다. 늘 다섯 명의 자식들이 북적북적하던 집에 익숙하시던 부모님께서는 그 적적함을 견디기가 힘드셨나 보다. 가끔 국제전화로 엄마와 통화할 때 '아버지랑 단둘이 지내니까 내가 언제 애 다섯을 낳았나 싶다' 라는 말씀을 하셨는데, 그때 느껴지던 쓸쓸함의 무게가 참 컸다. 그 말에 멀리 있어 죄송하단 말을 하면서 코끝이 찡해지곤 했다. 요즘에는 밭에서 고구마, 마, 콩 등을 기르는 재미에 사신다는 얘기를 듣고, 아버지의 무료함이 생각보다 크신 듯해서 마음이 아프기도 했다.

　　한국에 돌아온 후, 제일 먼저 한 일은 부모님께서 계신 대전에 내려간 것이었다. 오랜만에 만난 아버지와 딸은 부둥켜안고 재회를 만끽했다. 어릴 적 이후 거의 아버지를 안아드린 적이 없었지만 너무 자연스럽게 서로 덥석 안았더랬다. 그 후로도 만날 때면 항상 안아드리고 있다. 엄마는 워낙 자주 껴안곤 했지만 생각해 보니 아빠는 거의 그런 적이 없다는 자각을 하고부터 일부러 들인 습관이다. 안을 때마다 '사랑하고 감사드려요' 라고 속으로 중얼거리고 있다. 그 마음이 전해졌을까?

　　바로 다음날, 아버지의 밭에 갔다. 아버지가 소일거리로 채소들을 기르는 작은 땅인데, 할아버지 할머니의 묘소 바로 앞에 위치해 있다. 컨테이너도 갖다놓으시고 한창 농작물을 돌봐야 할 때는 주무시기도 한단다. 무섭지 않으시냐고 여쭤봤더니 부모님 옆인데 뭐가 무서우냐고 아버지는 툭툭 말씀하신다. 아버지의 말투 그대로 툭툭.

　　일 때문에 대전에 자주 못 내려간다. 하지만 그때마다 아버지를 따라 그 밭에는 꼭 들르고 있다. 가서 조부모의 묘소에 인사 먼저 드리고, 아버지를 도와 밭일을 하다가 돌아오곤 한다. 워낙 서툴러서 거의 티도 안 날 만큼의 일이지만 말이다. 도움을 드리는 것보다는 무엇이 자라고 있는지 확인하는 정도라면 딱 맞을 듯한…….

　　그 작은 밭은 호박이 풍년을 맞았다가, 땅콩이 자라기도 하고, 코스모스가 멋들어지게 피었다, 깨가 나무처럼 쑥쑥 자라기도 한다. 그러면 부모님은 요리 촬영에 쓰라고 예쁜 호박을 골라 보내시고, 깻잎 김치

를 담가놓고 딸들이 방문하기를 기다리신다. 직접 기른 깨로 참기름을 짜서 최고로 맛있는 참기름을 선물하시고, 추석 즈음 고구마 캘 때 내려가는 딸을 위해 수확할 날을 며칠 더 기다리시기도 한다.

항상 기르는 인기 아이템은 고구마와 마다. 고구마는 조카 진교가 이유식 때부터 먹어서 진교는 거의 부모님 고구마로 자랐다고 윤정 언니가 우스갯소리를 할 정도로 맛이 좋다. 마는 위에 좋다고 아침마다 갈아드시는데, 여행 중에도 신문지에 마를 돌돌 말아 가지고 다니실 만큼 인기 품목이다. 나이든 노부부가 여행지에서 신문지에 싸인 마를 꺼내 껍질을 벗겨 사이좋게 나눠드시는 상상은 왠지 정겹고 흐뭇하다.

올해 추석에는 고구마를 함께 캤다. 둘째 언니의 아이들인 채연, 채민, 채희와 셋째 언니의 아이 진교와 함께 갔는데 아이들이 어찌나 좋아하던지…… 호미로 멋대로 땅을 찍어서 수많은 고구마에 생채기를 내고 말았지만 할아버지를 돕는다는 사실에 다들 신나서 열심히 호미질을 하는 조카들의 모습이 귀엽고 대견했다.

그 조카들을 위해, 언니들과 양념해간 갈비를 굽고, 도시락을 풀러 점심을 준비했다. 밭에서 뛰어놀아서인지 조카들은 간단한 점심을 아주 맛있게도 먹었다. 그늘에 앉아 사과랑 배를 깎아먹고 잠시 앉아 옆집 논의 황금빛 벼를 멍하니 바라보았다. 푸른 하늘에 구름은 새하얗고, 유유히 날아다니는 잠자리와 한들한들 나부끼는 코스모스…… 이 평안한 풍경에 마음을 잠시 내려놓는다.

내년에는 또 어떤 농작물들이 이 밭을 차지할지 사뭇 궁금하고 기대가 된다.

그린테이블 이사하다

올 4월에 그린테이블은 세 살이 됐다. 그동안 두 군데의 작업실을 그린테이블 스타일로 꾸몄다. 일층 주택을 개조한 첫 번째 작업실은 그린테이블 이름에 걸맞은 녹음이 짙은 자연친화적 공간이었다. 그리고 아쉽게 떠나서 둥지를 튼 두 번째 작업실은 모던하면서도 빈티지한 자연스러운 공간이 되었다.

2006년 4월, 내가 뉴욕에서 귀국할 준비로 바쁠 동안, 언니들은 뜻을 합쳐 서초동의 한 개인주택 일층을 빌렸다. 마당에 있던 돌과 쓰레기 더미를 치우고, 사계절 푸른 서양식 잔디를 심었다. 장마철에는 열대 우림처럼 쑥쑥 자라서 애를 먹이더니, 한여름 잔디는 매일 물을 주지 않으면 시들시들해졌다. 이전 작업실에서의 추억을 꼽자면 단연 이 년 동안 잔디에 물을 줬던 기억이다. 난생 처음 온전히 내가 돌봐야 했던 생물이었다. 호스를 틀고 엄지손가락으로 끝부분을 눌러 수압을 세게 해서 마당의 잔디에 물을 줬다. 반짝반짝 빛나는 오후, 조카 진교는 맨발로 잔디를 밟고 놀면서 까르르르 웃곤 했다.

이듬해 봄에 을지로에 가서 나무판자를 샀다. 원하는 길이로 커팅을 해주는 목공소에서 나무판을 잘라와 마당에서 못질을 해서 화분을 만들었다. 양재동 화훼 농장에 가서 비트*, 상추, 로메인*의 씨앗을 사서 심었다. 두근두근 첫 싹이 나는 날은 사진도 찍었다. 조금 키워서 참기름과 고추장을 넣고 새싹 비빔밥을 해먹었다. 광목장갑을 끼고, 아버지가 주신 밀짚모자를 쓰고, 그 작은 마당에 쭈그려앉아 여름 내 쑥쑥 자라는 잡초를 뽑을 때면, '지금쯤 부모님도 밭에 계실까' 라는 생각도 하곤 했다.

언니네 아파트에서 주워 온 원목 탁자와 의자는 흰색으로 칠을 해서 비바람을 맞히고 나니 제법 그럴싸했다. 발코니에 놓고 그린테이블을 방문하는 손님들과 마주 앉아 커피잔을 앞에 두고 얘기했던 그 풍경. 늦은 가을에는 마당의 장미가 져 꽃잎이 처연하게 바닥에 떨어져 있기도 하고, 바쁜 와중 저녁 무렵에 간단한 식사와 상그리아를 만들어놓고 마셨던 잔디 마당이 있던 이전 작업실이 가끔 그립다.

2008년 초봄, 오랫동안 머물 수 있을 거라고 생각했던 작업실을 떠나야만 했다. 촬영과 강의를 하는

• **비트** 서양 붉은 순무. 뿌리 부분의 독특한 감미와 새빨간 색채로 사랑받으며, 데쳐서 샐러드 요리에 쓰인다. 어린 잎들은 샐러드용으로 쓰인다.
• **로메인** 수경 채소의 일종으로, 상추보다 좀더 길죽하고 뻣뻣한 잎을 가지고 있다.

Green
table
Food
Academy +
Studio

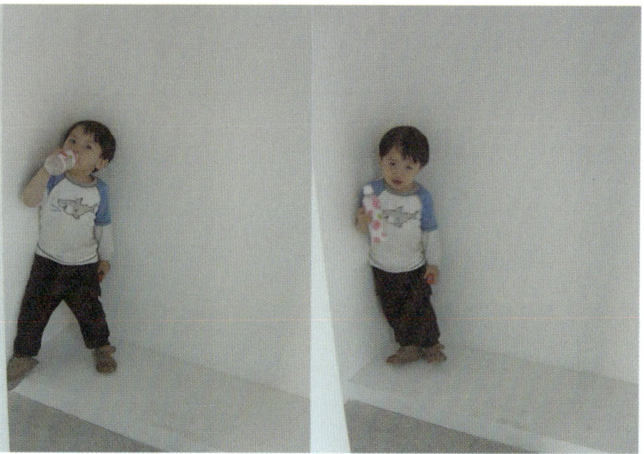

틈틈이 새 작업실을 보러 뛰어다녔다. 까마득한 밤중 같은 나날들이었다. 그렇게 한 달을 보내고 지금의 작업실을 발견했다. 건물이 딱 느낌이 온다면서 윤정 언니가 다짜고짜 주인에게 전화를 걸었다. 임대 문의 000-0000-0000. 월세가 너무 비싸서 안 될 것 같았는데, 나중에 다른 부동산 중개인을 통해 서초동의 빌딩에 따라와봤더니 얼마 전의 그 건물, 그 주인이었다. 그 주인도 당황하고 우리는 더 민망한 순간이었다. 신기한 일이라며 주인이 허락을 했다. 우리 처지에 좀 비싼 곳이었지만 인연이란 생각에 더 고민하지 않고 이곳에 새 터전을 꾸리기로 결정했다.

사십 평 넘는 횅한 흰 공간을 어떻게 꾸며야 할지 막막했다. 일단, 스타일링 촬영용 방, 케이터링용 방, 작은 카페 같은 편안한 공간, 사무실이 필요했다. 평소 친하게 지내고 있는 인테리어 스타일리스트 최지아 실장님의 도움을 받았다. 평소 우리가 그리고 있었던 인테리어 콘셉트를 얘기하고 최지아 실장님과 함께 이렇게도 짜맞춰보고 저렇게도 배치해보고…… 천정은 뜯어서 콘트리트가 그대로 보이게 노출했다. 지금도 어떤 분들은 천정을 보고 놀라서는 "왜 공사를 하다 말았냐"라고 묻기도 한다. 바닥은 예전 작업실 느낌 그대로 에폭시를 발랐다. 넓은 공간 안에 벽을 만들어 4개의 방을 만들었다. 그레이톤의 서늘하지만 살짝 빈티지 풍이 가미된 그린테이블의 두 번째 작업실이 그렇게 탄생했다.

그린테이블의 이사는 포장이사가 안 된다. 옷장 같은 큰 가구는 없고 짐들의 구십 퍼센트가 쉽게 깨질 수 있는 그릇들이기 때문이다. 예전에 포장이사를 불렀는데, 이삿짐 센터 직원들이 그릇은 싸줄 수 없다고 했다. 자신들이 싼 그릇이 깨지면 보상해줄 수 없다는 게 이유였다.

부끄러움을 무릅쓰고 이마트에 가서 종이박스를 날랐다. 수업 중간, 촬영 중간에 틈날 때마다 그릇들을 식기장에서 꺼내놓고, 버블 비닐(뽕뽕지)로 하나씩 싸기 시작했다. '안 좋은 일은 잊어버리자, 더 좋은 일들이 생길 거야' 속으로 다짐하면서 꼼꼼하고 잽싸게 손을 놀렸다. 그릇을 싸는 데 약 일주일은 쏟은 것 같다. 후우~

다행히 더운 날씨가 아니라, 이사를 끝내고 서둘러 짐을 풀었다. 케이터링 두 건이 연달아 있었고 레스토랑 컨설팅 건으로 메뉴 개발을 해야 해서 정말 정신이 없었다. 게다가 〈비타민〉의 '위대한 밥상' 촬영에 들어가는 음식을 맡은 이후로 두 달 동안은 거의 제대로 앉아본 적이 없었다. 2층의 큰 창 앞에는 우리가 칠

을 한 빈티지 느낌의 흰 탁자와 의자가 있다. 그 앞에 커피 한 잔과 컵케이크를 놓고 잠깐이라도 앉아서 쉬고 픈 마음이 얼마나 간절했던지…….

낯선 작업실에 적응하기도 전에 우린 뿔뿔이 흩어져서 각자 할 일에 빠져들었다.

벌써 이 작업실에서 여름, 가을, 겨울, 봄, 각 계절을 한 번씩 지냈다. 그동안 했던 일들 중 결실을 본 것도 있고, 마무리 지은 것도 있고 또 새로이 시작되는 일도 있다. 빌딩 안이라 잔디가 없지만, 대신 커다란 창문이 있어서 좋다. 겨울에 추운 게 흠이라면 흠이랄까? 마당에 두었던 커다란 나무화분 대신, 작은 허브를 심는 것으로 만족하련다. '좀더 넓어지고 훨씬 밝아졌으니까 그린테이블에도 더 환한 날이 오겠지' 라는 생 각과 함께.

컵케이크를 상륙시키다

'작고 예쁜 링클콘~ 요렇게 작고 귀여운 콘이 있었나~~' 컵케이크를 보면, 어릴 적 따라부르던 텔레비전 광고의 로고송이 생각난다. 사이즈가 작은 아이스크림콘 광고였는데, 그다지 인기를 끈 상품이 아니어서 금세 단종되었던 걸로 알고 있다. 아직까지 기억나는 걸 보니 엄청 먹고 싶었나 보다.

나는 차갑게 생겼다는 얘기를 많이 듣지만 작고 귀여운 것을 무척 좋아한다. 그런 것들을 보면 마음이 스르르 녹으면서 앞에 서서 한참을 바라보고야 만다. 컵케이크는 작고 예쁘고, 먹기까지 간편해서 무척 좋아하는 디저트이다. 요 작고 귀여운 컵케이크 사랑이 귀국 후, 요리 잡지나 리빙 잡지에 여러 번 컵케이크에 대한 화보와 레시피를 싣게 만들었다. 급기야는 전시회에 아예 부스 한 개를 통째로 컵케이크로 채우기에 이르렀는데…… 2007년 11월에 있었던 까사리빙 페어에 그린테이블이 '파티트리'로 참가했을 때이다.

사람들과 열린 공간에서 내 직업을 알리면서 만날 수 있는 좋은 계기였던 것 같다. 우리 자매의 무모함을 다시 일깨우며, 행사 개막 겨우 이주일 전에 참가 결정을 내렸다. 봄에 현대백화점 하늘공원에서 있었던, 에코 바자회에 참가했던 경험이 덜 떨리게 만든 계기랄까. 에코 바자회는 까사리빙이 주최하고 압구정 현대백화점의 꼭대기에 있는 하늘공원에서 있었던 전시회 겸 바자회였다. 스타일리스트들은 친환경적인 무대연출을 했고, 몇 업체들은 홍보와 판매를 하는 행사였다.

그린테이블은 그동안 모았던 그릇 소장품과 직접 만든 앞치마, 테이블 냅킨 등을 가지고 나갔다. 장사에 치중하는 것보다 예쁜 그릇들로 채워진 부스를 선보였다고 생각하면 맞을 듯한 이벤트였다. 가끔 장사꾼 취급을 받아서 좀 황당한 경험도 했지만, 무던히 일주일간 잘 마쳤던 기억이 난다. 그 수많은 그릇들을 일일이 '뽕뽕지'로 싸서, 트럭에 싣고 백화점에 도착해 꼭대기층까지 나르고 다시 그릇을 다 풀어야 했던 꽤 힘든 일이었다. 사람들이 우리 부스에 들어오길 기다리고, 설명해주고 하는 일들을 처음 겪는 일이기에 더 버겁기도 했다. 그런 일을 한 번 경험했기 때문일까? 그냥 또 해보지 뭐. 이런 마음가짐으로 시작했지만, 작지만 또 너무 큰 부스 안을 단시간 안에 어떻게 채워야 할지가 큰 난관이었다.

언니들과 아이디어 회의를 가졌다. 도화지에 그림 그리듯이 이런 저런 다양한 의견이 점차 한곳으로 모였다.

나가는 김에 그린테이블과 케이터링을 홍보하는 게 어떨까?

내추럴한 빈티지 느낌으로 부스를 꾸미는 건 어때?

요리하는 곳이란 걸 어떻게 알려야 하지?

음식은 상하기 쉽고, 다 보여주기엔 부스가 너무 좁고 좋은 방법이 없을까?

로맨틱한 분위기도 났으면 좋겠지?

이런 의견들을 모아 어린이용 스케치북에 부스를 그려나갔고 윤곽이 잡혀갔다. 내추럴하면서 빈티지한 작은 카페 느낌의 부스!

평소 좋아하는 수제 가구점에 탁자와 벽 제작을 맡겼다. 벽화 그리는 분에게 원하는 그림을 보여주면서 부탁했다. 그린테이블이 사랑하는 거실의 테이블을 코엑스 전시장에 전날 옮겨놓았다. 그렇게 로맨틱하면서 자연스러운 테이블 세팅을 했다. 테이블 위로는 흰색 칠을 한 나뭇가지로 틀을 만들고 깃털 장식을 했다. 부스 앞쪽으로 카페의 카운터 같은 ㄱ 자 테이블을 놓고 전시장 꾸미기를 끝냈다. 이제 부스 안을 채울 주인공을 만들면 끝.

컵케이크를 약 스무 가지 정도 다른 모양으로 채워 넣을 생각이었다. 아이싱 종류도 다양하게 하고 컵케이크 크기도 다양하게 만들었다. 슈가 아트˙로 눈사람도 만들고 분홍의 벚꽃도 만들고, 머랭 크림˙에 생딸기를 얹기도 하고, 천연 가루를 섞어 파스텔톤 크림색을 내는 등, 다양한 아이싱을 올린 다양한 모양의 컵케이크를 만드느라 밤을 꼬박 새웠다. 다들 지쳐 기진맥진해 누가 먼저랄 것도 없이 바닥에 널브러졌다. 약 삼십 분 정도 지난 후 알람에 맞춰 좀비처럼 한 명씩 비치럭거리며 일어났다. 서둘러 코엑스로 갈 준비를 했다. 열 시까지는 부스를 오픈해야 했으니까. 마지막으로 밤새워 만든 컵케이크를 양손에 들고 간신히 세이프~ 했다.

● **슈가 아트** 계란 흰자와 가루 설탕을 주 재료로 해서, 지점토처럼 원하는 모양을 만드는 기법으로 외국에는 웨딩용 케이크 장식에 많이 쓰이고 있다.
● **머랭 크림** 뜨겁게 데워진 설탕시럽을 계란 흰자 거품에 섞어 만든 머랭을 식혀, 버터를 섞어 만든 크림으로 케이크 장식에 쓰인다.

정말 선풍적인 반응이었다. 시식용으로 나눠 주는 컵케이크를 받으려고 사람들이 길게 줄을 섰다. 사람들의 관심이 놀라웠고 그 달뜬 열기에 흥분이 됐다. 우리만의 비법으로 만든 달지 않고 촉촉한 컵케이크를 좋아해주는 사람들을 보면서 밤새 컵케이크를 구운 노고가 사르르 녹는 기분이었다. 좀 과장해서 말이다. 채 일주일이 되지 않은 기간, 몸은 부서질 것처럼 힘들었고 천근만근 무거웠지만 굉장히 보람찬 작업이었다. 그때 만들었던 ㄱ 자 모양의 테이블은 지금 작업실 현관에 자리하고 있어서 테이블에 눈이 갈 때마다 그때가 자주 생각난다.

이후 잡지에서나 카페에서나 컵케이크를 자주 볼 수 있었다. 컵케이크가 하나의 인기 아이템으로 자리 잡아가는 모습을 바라보면서 "그때 그 여파로 컵케이크 카페를 차렸어야 했어!" 하는 핀잔 아닌 핀잔을 아직도 듣고 있지만, 정말 잊지 못할 뿌듯하고 즐거운 사건이었다.

즐거운 마음이 퐁퐁 솟는 곳, 소품 가게

푸드스타일링은 이름에도 나와 있듯이 food + styling, 즉 음식을 가지고 스타일링을 하는 일이다. 음식 그 자체를 맛있어 보이게 연출하는 일은 기본이고, 그 음식을 돋보이게 하는 배경과 바닥, 그릇, 소품들을 생각하고 만들어내야 하는 일이다. 스타일링 일이 들어오면, 의뢰인과 먼저 시안 상의를 한다. 어떤 주제로, 무엇을, 어떻게 찍을지를 정하고 이후에 배경과 그릇, 소품, 음식의 종류 등 세부적인 사항으로 들어가게 된다.

'정소영 식기장' '바바리안' '세라믹요' '앤티크반' '피숀' 동대문 천시장, 양재동 꽃시장 등은 촬영이 있을 때 우리 자매들이 자주 들르는 곳이다. 갈 때마다 즐거운 마음이 퐁퐁 솟아나는 무척 사랑하는 공간이다. 매번 일 때문에 들르느라 시간에 쫓겨 찬찬히 둘러보지는 못하지만, 그래서인지 그릇 가게에서 보내는 시간은 너무나 간절하고 행복하다.

2009년도 삼성 캘린더를 혹시 받아본 독자가 있을지 모르겠다. 제철 재료를 이용한 음식을 주제로 만든 달력으로 스타일링에 '푸드스타일리스트 김윤정'이라고 씌어 있다. 요즘 우리 자매가 한창 빠져 있는 제철 재료에 대한 주제를 담았고 음식과 재료에 대한 간단한 설명이 담겨 있다. 연말이 가까워지면 그린테이블에 달력이나 호텔의 브로슈어 촬영 등의 일이 많이 들어온다. 대부분 촬영만 삼일에서 오일은 족히 걸리는 대작업인데, 준비하는 과정까지 합치면 일주일 이상 소요되는 일들이다.

잡지나 달력 등의 일은 스타일링 중에서도 꽤 재미있는 작업이다. 다른 작업은 대부분 어떤 물건을 팔기 위한 광고를 하는 일이 대부분인데, 잡지는 기자와 편집자에 따라 그 주제를 재미있고 아름답게 부각시킬 수 있어 아트적인 측면이 부각된다고 할 수 있다. 이번 삼성 캘린더 작업 역시 마치 잡지 화보 작업을 하는 것 같아 즐거운 작업이었다.

한국적이지만 현대적인 그릇이 필요한 촬영이었다. 매번 시안 회의가 끝나면 언니는 머릿속에 소품과 그릇은 어디어디에서 구하면 되겠다는 느낌이 팍 온다고 한다. 오랫동안 스타일링을 하면서 서울의 인테리어, 앤티크 가게를 꿰게 된 것.

청담동의 '정소영 식기장'에 들렀다. 도자기를 굽는 작가들의 생활도자기를 파는 곳으로 현대적인 터치가 가미된 그릇들이 참 많은 곳이다. 직접 짜넣은 나무 선반들에 빼곡이 쌓여 있는 곱디고운 접시와 다기잔이, 벽면에는 예술작품처럼 접시가 걸려 있다.

고운 색상과 날씬한 몸매의 그릇들이 있는 '세라믹요' 도 빠지지 않고 들렀다. 친절한 매니저의 환한 웃음에 기분이 좋아진다. 컬러별로 쌓인 찻잔이 일부러 그러데이션을 준 하나의 그릇 같다. 작업실 선반에 올려 두면 좋을 것 같다는 생각을 해본다. 자매들 또 예쁜 그릇들에 둘러싸여 행복하게 정신을 잃는다.

"아, 예쁘다. 저 그릇은 처음 보네요. 아이고, 사고 싶어라~."

잡지 촬영을 할 때는 이태원의 '바바리아' 를 자주 찾는다. 2006년 8월호부터 2007년 1월호까지『럭셔리』잡지 촬영을 할 때 참 많이 들렀던 곳이다. 특히, '파이 특집'을 찍었을 때 빈티지한 느낌의 테이블과 나무 소재의 도마 등이 사랑스러운 파이와 잘 어울렸다. '바바리아' 는 이태원의 앤티크 숍 거리에 있는, 독일식 빈티지 제품을 만날 수 있는 가게이다. 건물 안쪽에는 테이블, 의자, 옷장 등 큰 가구류부터 꽃문양이 그려진 접시, 오래된 가위, 타자기 등 세월을 곱게 먹은 물건들까지 다양하다. 문밖에는 법랑 그릇, 나무 도마 등 조리 관련 도구들이 마구 놓여 있다.

미국식 아기자기한 소품들과 손뜨개질한 식탁보 등을 구할 때는 '앤티크반' 에 간다. 그 좁은 공간에 사랑스런 소품들이 참 정갈하게도 진열되어 있는 걸 보면 마음속이 포근해진다. 2007년『까사리빙』잡지의 세계의 요리를 소개하던 화보 촬영과 컵케이크 촬영 때 '앤티크반' 에서 대여한 은 세공 접시, 케이크 서버, 찻잔 등을 많이 사용해 우아한 느낌을 한층 살릴 수 있었다.

동대문 천시장은 대학교 다니던 90년대 말에 의류학과를 다니던 친구를 따라 처음으로 갔던 기억이 난다. 어찌나 넓고 원단 종류도 다양한지 어디가 어딘지 한참 헤맸다. 몇 년이 지난 후 일 때문에 자주 찾게 되리라는 생각은 꿈에도 못한 채 놀러 갔는데, 지금은 큰 촬영이 있기 전 언니와 한 번씩 온통 헤집고 다니면서, 촬영 콘셉트에 맞는 원단을 구입하곤 한다. 다들 도매상인들이어서, 소량씩 다양한 종류를 원하는 우리들은 그리 환영받는 느낌은 아니지만 촬영에 꼭 필요한 것이니 대충하거나 지나칠 수는 없는 일이다. 본인들이 직접 제작한 원단을 자랑스럽게 파는 곳들도 많아서 소량을 구입하곤 있지만 참 고맙다는 생각이 든다. 여기서 맘에 드는 원단을 구입해서, 앞치마랑 냅킨, 촬영 소품도 직접 만들어 쓰고 있다.

일을 위해 가지만, 가장 마음이 넉넉해지는 곳이 바로 양재동 꽃시장이다. 현관을 들어서면 주차장에 빼곡히 들어선 차와 딱딱한 건물 외관과 너무도 다른 모습이 펼쳐진다. 알록달록한 꽃들에 눈이 호강을 하고, 진한 꽃향기에 정신이 맑아지는 느낌이다. 그릇 가게는 깨질 위험이 있고 천시장은 너무 넓어 힘들지만, 꽃시장은 조카 진교도 자주 데리고 다닐 만큼 편하고 아늑한 곳이다. 어리지만 예쁘고 좋은 것은 기가 막히게 알아채서는, 꽃시장에 가면 예쁘다면서 좋아하는 모습이 역력하다. 예쁜 것을 볼 때 흔히 아가들이 하는 것처럼, 경외의 감정을 담은 듯이 입술을 동그랗게 모은 채, 이 꽃 저 꽃 손가락질하기 바쁘다.

저렴한 그릇이나 소품을 사려면 발품을 조금 팔아 남대문 그릇상가나 고속터미널 지하상가를 다닌다. 고속터미널 지하상가는 작업실과 가까워 자주 간다. 특별히 어떤 집을 꼽아서 가는 것은 아니다. 시간 날 때 이쪽 끝에서 저쪽 끝까지 눈에서 레이저 빔을 쏘면서 그릇 가게를 살펴보고 사는 편이다. 주인 취향에 맞게 골라 놓은 저렴한 그릇들을 만날 수 있어 좋다. 좀더 다양한 그릇들을 저렴한 가격에 사고 싶을 때는 남대문 그릇상가에 간다. 작업실과 좀 먼 편이지만, 케이터링 용품처럼 다양한 그릇들이 필요할 경우 일부러 찾아간다. 재작년 늦여름 파티용 그릇으로 쓸 커다란 플래터와 앞접시, 포크, 케이크 서버 등을 엄청 샀던 곳이다. 저렴하고 다양한 그릇들과, 주방 조리도구, 주방칼 등을 보느라 시간 가는 줄 모르는 곳이다.

아직 사고 싶은 그릇과 소품을 쉽게 살 수 있는 처지는 아니라 촬영 때 대여나 협찬을 받고 있지만, 가끔 돈을 모아서 오랫동안 찜해놓았던 그릇을 살 때면 그 작은 그릇에 담긴 시간과 정성이 애틋해 우리의 마음까지 풍요로워진다. 여기에 담길 음식들과 여기에 닿을 누군가의 손길이 느껴서 집에 가져와 그릇을 닦을 때면 마음이 닦이는 느낌이 들기도 한다.

십 년 정도 그렇게 모아온 그릇들이 서초동 그린테이블의 그릇장에 놓여 있다.

Arbeit spart,
wer
Ordnung wahrt.

요리 여행, 그리고 그린테이블식 쇼핑

연초에 세운 계획은 매년 연말이 되면 이월되어 이듬해로 넘어가는 일이 태반이다. '열심히 일하면서, 즐겁게 놀자'가 매년 그린테이블의 첫 번째 모토인데 돌이켜보면 일만 계속 열심히 하고 제대로 놀아보지는 못한 것 같다. 그나마 다행히도 일을 즐기다보니 스트레스는 없지만 업무량으로 치면 한 명이 두 사람 이상의 몫을 한다고 봐야 한다. 대기업과 같은 조직과 시스템을 갖춘 회사가 아니다 보니 토요일은 당연히 일하고 일요일은 봐서 쉬는 그런 패턴이다.

케이터링이나 촬영이 있을 때는 매번 이사하는 기분이다. 이삿짐 센터를 하나 차리면 잘할 것 같다고 농담할 정도로 짐을 싸고 푸는 일은 스타일리스트의 작업 중 큰 부분을 차지한다. 이제 어느 정도의 짐싸는 일은 겁도 나지 않는다는 십년차 푸드스타일리스트인 언니와 달리 나는 아직도 버겁기만 하다.

같은 짐을 싸는 일이라 해도, 행복한 짐 싸기가 있다. 바로 여행가방을 꾸리는 일. 이런 짐 싸기면 매일이라도 싸겠다 싶다. 일 할 때와는 달리 여행용 가방은 최소한으로 꾸리려고 애쓴다. 간소하게 여행가방을 꾸린다고 해도 꼭 필요한 것들은 하나라도 놓쳐서는 안 된다. 여행 내내 힘이 들기 때문이다. 촬영용 짐 꾸리기에서 뭔가 빠지면 일이 안 되는 것과 꼭 닮았다.

그린테이블 자매는 항상 얼떨결에 외국에 다니고 있다. 2007년 4월 아직은 쌀쌀한 초봄, 방콕에 갔을 때는 기후 차로 인해 옷가지를 따로 챙겨야 했으나 그 고민할 새도 없이 바로 전날까지 정신없이 일을 했다. 작년 2월에 홍콩에 갔을 때는 〈인간극장〉을 찍는 중이어서 더 그랬고, 6월에 도쿄에 갔을 때에는 저녁 비행이라 오후까지 촬영을 하다가 갔다. 매번 급작스럽게 결정되어 가기 때문에 할인 티켓을 구한다거나 하는 일은 꿈도 못 꾸고 매번 숙박할 곳과 항공권만 손에 쥘 수 있기를 고대하며 여행을 시작했다.

아, 그래도 바쁜 와중에 여행 짐을 꾸리고, 여행서적을 뒤지는 시간은 얼마나 행복한가. 비록 매번 일 때문에 가느라 가는 비행기 안에서 스케줄을 짜는 일이 다반사이지만 곧 만나게 될 색다른 음식, 다른 느낌의 사람들 그리고 생소한 공기에 놓이는 건 정말 짜릿한 일이다. 청바지와 스니커즈로 무장한 우리 자매는 어느 험한 곳이든 걸어서 다닐 수 있는 수퍼 여행자로 거듭난다.

그린테이블 자매의 여행하는 방법은 조금 다르다. 음식이 주가 되는 여행으로 쇼핑을 해도 가방이나 옷 같은 것은 꿈도 못 꾸고 죄다 무거운 그릇이나 소품을 사고 구경하는 게 대부분이다. 2007년 4월에 다녀

온 방콕은 그중에서도 특별했다. 평소 태국 요리를 무척 좋아해서, 태국 전통음식을 배우러 방콕에 다녀왔다. 의도하지 않았지만 그들의 새해 첫날인 송크란 축제를 겪게 되었다. 축복의 의미로 행인에게 마구 물을 뿌려대는 태국 사람들 때문에 옷이 몇 벌 없던 자매는 이리저리 피해다녀야 했지만 오토바이를 타고 나타난 개구쟁이 부자에게 걸려 볼에 하얀 칠을 당하는 축복을 받고는 정말 그날이 즐거워졌다. 액운을 물리치는 힘이 있다던데 효험이 있었으려나.

서울에서는 매일 아침 몸도 찌뿌듯하고 머리가 무거워 일어나는 것이 힘든데 여행지에서는 왜 그리 눈이 번쩍 뜨이는지 모를 일이다. 아침에 일어나서 태국의 전통 요리를 배우는 '블루 엘리펀트'에 가서 요리를 배우고, 오후에는 백화점과 대형 할인마트로 식자재와 그릇, 소품들을 보러 다녔다. 특히 못 잊을 추억은 발길 닿는 대로 걷다 우연히 만난 재래시장. 마침 배가 엄청 고파서 그중 깨끗해 보이는 가게에 들어가 식사를 했다. 여행가면 항상 큰 음식점, 가볼 만한 곳이라고 알려진 곳만 다니기 일쑤였는데 기대 없이 찾아간 그곳에서 뜻밖에 굉장히 편하고 저렴한 식사를 할 수 있었다. 타이식 커피나 아이스티가 든 비닐봉지에 빨대를 꽂아 들고 찬찬히 시장 구경에 나섰다. 시장에는 이국적인 과일과 다양한 색채의 채소들이 풍성했다. 분홍색의 미니 토마토를 샀더니, 소금과 설탕을 섞은 것을 주며 찍어먹으란다. 손에 들고 느릿느릿 방콕 거리를 걸었다.

며칠 후 주말에만 열린다는 짝뚝짝 시장을 힘들게 찾아갔다. 시장이 무척 큰데다 찾지를 못해서 그런지 그릇들이 별로 맘에 들지도 않고 날씨는 타는 듯 뜨거워 그늘만 찾게 되었다. 안 되겠다 싶어 피곤한 마음을 시장 어귀에 있던 국수집에 앉아 매콤한 어묵국수로 달랬는데 그 맛 또한 놀라울 정도로 훌륭했다. 기대했던 그릇 쇼핑을 못했지만 시원한 국수 덕분에 즐거운 나들이였다. 후식으로 차게 얼린 과일 꼬치를 먹으며 숙소로 돌아왔다.

그 후로도 시간만 나면 여기저기 소품 가게에 들러 연신 환호성을 내지르며 그릇 사기에 바빴다. 그도 그럴 것이 그릇 가격이 우리나라에서의 삼 분의 일 이하의 가격이고 같은 브랜드라도 처음 보는 디자인이 꽤 있었기 때문이다. 그때는 마냥 좋기만 했는데, 이런 그릇 사재기가 며칠 후 인천공항에서 망신을 당하게 하는 단초였다.

돌아오는 비행기의 수속 시간부터 낌새가 이상했다. 일인이 들고 탈 수 있는 질량을 훨씬 초과했다. 당연히 벌금을 물었다. 강아지 눈을 한 채로 영어로 깎아 달라고 말을 해서 금액이 좀 줄긴 했지만 이때부터 마음은 조마조마했다.

공항에 형부가 마중 나왔다는 전화를 받았는데, 우리 자매는 쉽사리 출국장을 빠져나갈 수 없었다. 비행기에서 내리고 짐을 찾았는데 몇 분 후 엄청난 소리가 들렸다. 그릇이 든 여행가방에 매미처럼 딱 달라붙어 있는 기계를 발견했지만 소리를 끌 수 있는 방법이 없었다. 처음 겪어 보는 일이라 너무 당황했다. 그 그릇을 팔 거라고 생각했나? 장사하려고 물건을 떼왔다고 생각했나 보다. 눈치 빠른 윤정 언니가 나머지 짐을 나한테 주고 소리가 나는 가방만을 들고 따로 출국장으로 향했다. 졸지에 짐 가방을 세 개나 들게 된 나는 이리 쿵, 저리 쿵 하면서 출국장을 나섰고 그 사이 언니는 세관원의 날카로운 눈앞에 가방에 있는 모든 것들을 꺼내놓고 있었다.

별달리 거슬리는 물건들이 있을 리가 있나. 그릇들도 다 저렴했고 마침 가지고 있던 영수증을 보여줬더니 세관원도 이상하다고 했다 한다. 언니는 한 술 더 떠 저렴한 짝뚝짝 시장에서 산 거라는 얘기를 했는데, 갑자기 세관원의 얼굴이 싹 변하더란다. "뭐, 짝퉁이라구요? 그럼 큰일인데……." 시장 이름이 짝뚝짝이라 짝퉁과 어감이 비슷해서 생긴 일인데 정말 큰일 날 뻔한 기억이다. 그 후로 여행가면 많이 자제하려 노력하긴 하지만 그래도 예쁜 그릇과 소품을 보면 이내 정신을 잃어 걱정이다.

올해는 며칠 후 일본에 가서 일본 요리를 배워볼 것 같은데, 또 어떤 일이 벌어질까 벌써부터 기대가 된다.

첫 야외 촬영, 비야비야 멈추어다오

마음이 잘 맞는 기자와 몇 달 동안 작업하는 일은 좋은 결과물을 낳는다. 모덕진 기자와 그린테이블은 오랫동안 알고 지내왔고 좋아하는 톤도 비슷해서 항상 함께 일하는 것이 즐겁다. 재작년에 '시즈널 쿠킹'이란 큰 테마 아래 반년 정도 매달 요리칼럼을 진행한 적이 있었다. 그 스타트는 진교가 모델로 나오는 여름철의 아이스크림 촬영이었다. 컵케이크, 뉴욕의 가을과 요리, 각국의 세계 요리, 거친 밥 등의 주제로 진행되었는데, 그중 야외에서 촬영한 '사과 농장' 편은 잊을 수가 없는 사건이었다.

한여름 아오리 사과를 찾아 헤맨 끝에 알게 된 가평의 한 사과 농장에 전화를 걸었다. 잡지에 사과 농장과 사과로 만든 음식을 촬영하고 싶은데, 어떤 날이 괜찮으시냐고 여쭤봤다. 친절하게도 언제쯤 사과를 수확하니, 그 전 주에 오면 좋을 것 같다고 말씀해 주셨다. 잡지는 매달 초에서 늦어도 15일까지는 모든 촬영을 끝마쳐야 한다. 그 후, 편집과정을 거쳐 출간이 되는 식이다. 기자들은 보름은 촬영 때문에 바쁘고, 그 후 일주일간은 잦은 밤샘 작업을 해야 한다. 잡지가 출간되면 며칠 쉬었다가 주제를 찾고 시안회의 하느라 또 분주한 일상에 들어간다.

촬영 며칠 전부터 야외촬영 준비에 돌입했다. 농장에 가져갈 빈티지한 탁자와 소품을 이태원의 바바리아에서 대여했다. 마트를 돌면서 필요한 재료를 사고, 전날 아침부터 사과로 만들 수 있는 음식 만들기에 돌입했다. 사과 파이, 사과 수프, 사과 푸딩, 사과가 들어간 치킨 팟 파이, 구운 사과와 모차렐라 치즈를 넣은 샌드위치 등 사과로 다양한 메뉴를 만들었다. 항상 그렇듯이 시간은 자정을 훌쩍 넘기고, 아마 새벽 두 시 삼십 분 정도에 끝났던 것 같다. 다들 서둘러 집에 들어갔다 돌아온 시각은 아침 아홉 시. 피곤해서 몸은 모래알처럼 버석거렸다.

그보다 더한 일이 발생했다. 밤새 비가 추적추적 내리고 있던 것. 야외 촬영할 때 비가 오는 것은 그 촬영이 불가능하다는 말이다. 잡지의 촬영 마감일은 정해져 있고, 이걸 어떡해야 하나. 서둘러 모덕진 기자에게 전화를 걸었다. 몇 번의 전화가 오가고, 포토그래퍼와도 상의한 결과 요행수를 바라보기로 결정했다. 전날 새벽까지 만든 음식을 또다시 만들 엄두도 나지 않는 상황이라, 얼른 동의했다.

빗길을 헤치고, 하얀색 산타모가 촬영용 소품을 잔뜩 싣고 가평으로 향했다. 오랜만에 농장아저씨를 뵙고 인사를 나누었다. 양해를 구하고, 대청마루 한쪽에 그릇과 바구니, 린넨, 음식들을 쭉 펼쳐놓기 시작했

다. 음식을 데울 미니 오븐까지 꺼내놓고 있으려니 뭘 이렇게 많이 가져왔냐는 질문을 하신다. 빙그레 웃고 있는데, 기자와 포토그래퍼의 차가 도착했다.

　　그린테이블 자매와 스태프, 기자, 포토그래퍼, 포토 어시스턴트 이렇게 여섯 명은 대청마루에 걸터앉아 내리는 빗방울을 바라보면서 무작정 기다렸다. 비가 좀 덜 오기를, 아니 뚝 그치기를. 다행히 사과나무는 비를 맞아 한층 촉촉하고 싱그러워 보였다. 멀리 산허리에는 물안개가 뿌옇게 끼어 있고, 농장은 매우 운치 있어 보였다. 언니는 포토그래퍼와 모덕진 기자와 함께 사과밭에 들어가서 찍으면 예쁠 곳을 선정하기 시작했다. 나는 전날 만들어놓은 음식을 다시 데우고, 예쁘게 다듬었다. 다행히 한 시간 정도 더 기다렸더니 빗방울이 많이 약해졌다. 서둘러 각자의 할 일에 돌입했다.

　　테이블을 사과밭으로 옮겨놓았다. 음료를 만들어 유리잔에 담아 보내면 언니가 테이블에 세팅을 했다. 실장님은 카메라를 젖지 않게 품 안에 품고 있다가 구도를 잡았다. 우산을 번쩍 든 포토 어시스턴트의 도움을 받아 한 장씩 담아갔다. 찍으면서도 이런 상황이 참 황당하고 우스웠다. 농장에 계시던 할아버지와 아저씨께서 슬쩍 지나가시면서, 이렇게 비가 오는데도 사진을 찍느냐며 참 고생이 많다고 웃으셨다. 처음에는 그래도 우산을 받쳐들고 이리저리 움직이던 우리들은 점차 다들 각자 몸이 비에 젖는 건 아랑곳하지 않는 경지에 이르렀다. 오직 카메라만 젖지 않는다면야 이왕 젖은 몸이 무슨 상관이란 말인가?

　　초가을, 날은 짧아지고 있었고 게다가 비는 그칠 것 같지 않아서 서둘러 촬영을 끝내야겠다는 생각뿐이었다. 그렇다고 대충 찍을 수는 없고, 신중을 기해서 예쁜 사진을 만들고자 애를 썼다. 모니터할 때마다 '사진이 너무 예쁘게 찍혀서 대만족이에요' 하며 서로를 북돋았다. 마음 한편으로는 제발 비가 그쳤으면 하는 바람을 버리지 못했다. 바로, 그 촬영이 우리 자매들이 모델로 등장해서, 사과농장에서 피크닉을 즐긴다는 내용이었기 때문에 비가 그쳐야 촬영이 가능했다. 어느새 어둑해지고 있는데, 비가 그칠 기색은 안 보였다. 우리가 입을 옷은 협찬을 받아온 옷으로, 절대로 더럽혀지거나 물이 튀면 안 되는 상황. 어쩔 수 없이 한 번 더 촬영을 올 수밖에 없었다. 피곤한 몸을 누이고만 싶을 뿐이었다. 다행히 당시에는 농장에 식당이 있었다. 추위와 축축함에 바들바들 떨리는 몸을 한방 삼계탕으로 풀어주었다. 아, 정말 잊지 못할 맛이다.

　　이틀 후인 토요일, 촬영 식구가 한 명 더 늘었다. 주말이라 조카 진교가 따라온 것이었다. 사과를 따는 컷, 한 손에 사과를 들고 농장을 걷는 컷, 사과밭에 화사한 천을 깔고 앉아 한가하게 사과 음식을 먹는 컷 등을 찍으면 되는 거였다. 문제는 이틀 전과 달리 햇볕이 너무 쨍쨍 내리쬐는 정말 화창한 초가을 날씨였다는 것. 며칠 전과는 반대로 햇볕이 구름 사이로 숨기를 바라는 상황이 되었다. 가리개로 가려 약간 톤다운시키거나, 구름에 가려져 햇살이 은은한 순간 언니와 나는 어색하게 앉아서(영 카메라에 익숙해지지 않아서) 포즈를 취했다. 어찌나 화창한 날이던지 구름 사이로 잘 숨지 않는 태양 덕분에 몇 시간이 걸렸다. 돌아오는 길에는 가평읍의 유명하다는 비빔국수집에 들러 시원한 비빔국수를 아주 맛있게 먹었다. 다들 두 번의 촬영에 너무 수고 많으셨다는 인사를 하면서.

돌아오는 길은 토요일 오후라서 길이 꽤 막혔다. 올림픽대로에 다다른 후 쉬 앞으로 나아가지 않는 차 안에서 진교는 노느라 피곤했는지 곤히 잠이 들었다. 무료함을 달래보려, 한강 사진을 찍는데 어느새 하늘은 분홍색 노을이 지고 있다. 드넓은 농촌 풍경도 아름답지만, 노을빛에 물든 하늘, 한강이 있는 서울의 모습도 아름답다는 생각을 했다. 삭막한 도시지만 가끔 보이는 밤하늘의 초승달이나 노을빛을 보고 있으면 마음이 설렌다.

몇 주 후 잡지가 그린테이블 작업실에 도착했다. 사과와 농장이 정말 예쁘게 잘 나왔다. 가져간 소품과도 잘 어울리고 게다가 이틀 동안 정반대의 날씨에서 촬영되었다는 생각이 안 들게 잘 다듬어져 있었다. 달랑 여덟 페이지의 결과물이었지만, 여러 명의 스태프들이 힘든 상황을 극복하고 완성했다는 생각에 뿌듯했다. 게다가 잡지의 표지를 떡하니 차지하기까지 했으니……. 그때의 날씨와 추위가 한 번 더 떠올랐지만 잊지 못할 첫 야외 촬영이었다.

백조가 되기 위한 시간, 푸드스타일리스트 수업

푸드스타일리스란 직업을 여자가 한다고 할 때 주위의 시선은 꽤 그럴싸한 것 같다. 화사한 작업실에서 우아한 포즈로 예쁜 요리를 만들고 평생 힘들지 않고 일할 수 있을 것만 같다는 의견이 많다. 하지만, 다른 많은 직업처럼 푸드스타일리스트의 세계도 꽤 험난한 곳이다. 아름다운 것을 알고 표현할 수 있는 감각도 있어야 하지만, 무엇보다 튼튼한 몸이 필수조건이다. 드라마나 영화가 뒤에 보이지 않는 수많은 스태프들의 노력이 필요한 것처럼, 아름답게 보이는 음식을 연출하는 일 뒤에도 몸으로 해결해야 하는 수많은 작업이 필요하다.

음식이 맛있는 것과 맛있어 보이게 만드는 것은 분명 다른 일이다. 요리사인 나와 푸드스타일리스트인 언니는 요리에 대한 관점이 조금 다르다. 요리 잡지를 볼 때 확연히 차이가 나는 점이기도 한데 나는 요리사라서 그런지 사진에 담기는 맛보다 먹었을 때의 맛을 좀더 중요하게 생각하는 반면 언니는 맛있게 보이는 것을 먼저 생각하고, 접시 안의 음식보다 그릇이나 배경을 먼저 본다.

한창 일을 많이 할 때는 일주일에 여덟 번씩 촬영할 정도로 바쁜 일정을 소화했던 언니는 대학에서 푸드스타일링을 강의하기도 했다. 한 삼 년 정도를 촬영과 수업을 병행하느라 정신없이 지내더니, 어느 순간 둘 중 하나를 선택해야겠다는 생각을 했다 한다. 내가 유학을 하고 있는 동안 언니는 그때 만난 형부와 열렬한 연애 끝에 결혼을 했다. 정말 일만 하던 언니여서 꽤 놀랐던 기억이 난다. 언니의 결혼은 '내가 그렇게 그리웠냐'고 농담을 할, 일대의 사건이었다. 결혼을 하면서 강의와 실전 중 실전을 선택했다. 후에 촬영하는 게 그렇게 좋았냐고 물었더니 계속 스타일리스트로 일하면서 감각을 유지하고 싶었다는 게 대답이다. 그러다가 서초동에서 작업실을 내던 해 언니는 푸드스타일링 수업을 다시 시작했다.

그린테이블의 푸드스타일리스트 수업에는 참으로 다양한 연령대와 다른 직업의 학생들이 참여하고 있다. 학생, 디자이너, 요리사, 컨설턴트, 간호사, 주부 등 각자 다른 일을 하던 이들이지만, 스타일링에 대한 욕심만은 하나여서 수업 시간은 항상 열정으로 가득하다. 처음에 다들 수줍어하면서, 초보임을 부끄러워하고 탓하던 그들이 시간이 지나면서 점차 그들의 색채를 찾아가는 모습을 볼 때 수업을 이끄는 우리로서는 큰 보람을 느낀다.

첫 주, 그릇 안에 음식을 담는 디자인적인 감각에 대한 이론 수업에는 다들 긴장한 모습이 역력하다. 몇 주 후 첫 촬영을 하는 날에는 다들 걱정과 기대감으로 잠을 설쳤음이 뻔한 퀭한 눈이다. 매주 다른 주제로

촬영 수업이 진행된다. 녹지 않는 아이스크림, 고기를 맛있게 보이게 하는 방법, 가짜로 음료 만드는 법 등 광고에 필요한 촬영 기법을 배운 후 실제로 각자 만들고 그릇과 배경 등을 선택해서 세팅을 하면 이주연 실장님이 예쁘게 담아주신다. 학생들의 작업물이지만 정말 좋은 포토그래퍼와 작업하게 해주고 싶어서 실장님께 어렵게 부탁드렸는데 너무 흔쾌히 오케이 하셔서서 놀랍고 감사했다.

처음에는 다들 서먹하다가 사이가 좋아질 즈음에는 서로의 작업 결과물에 은근 경쟁심이 붙는 게 보인다. 아무래도 그날 주제에 대해 신중하게 생각하고 준비를 많이 한 학생이 좀더 좋은 세팅을 하는 듯하다. 촬영을 끝내고 뒷정리까지 깨끗이 마치고 난 뒤 그날의 촬영 주제와 특이한 기법을 공부하고 서로의 결과물을 보면서 얘기를 할 때면 아쉬움이 툭툭 묻어나는 목소리의 주인공들이 있다. 그러면 꼭 '다음주에는 좀 더 분발해서 꼭 예쁘게 찍을 거예요'라는 무언의 다짐을 듣는 것만 같다.

그렇게 작업한 포트폴리오를 며칠 전 졸업한 2기 학생들에게 안겨주었다. A4용지만 한 크기의 두툼한 사진첩은 푸드스타일리스트 나하나, 이런 식으로 각자의 이름이 선명하게 박혀 있다. 감사히 사진 작업을 해주신 톤 스튜디오의 두 실장님의 존함도 들어 있는 포트폴리오를 받아들고 다들 함박웃음을 지었다. 너무 좋다면서, 표지를 쉬 덮지를 못하는 학생을 보고 언니도 뿌듯한지 졸업사가 자꾸 길어졌다.

취미 이상의 취미, 전문 요리 수업 시작!

실수가 많았던 내 첫 수업을 시작으로 꾸준히 서양요리 수업을 해오고 있다. 딴에는 쉽게 접근해보겠다고 시작한 '쉽게 푸는 서양요리', 뉴욕식 요리를 제철재료를 가지고 만들어보는 '뉴욕을 맛보다', 또한 백화점 문화센터에서 진행했던 '와인과 어울리는 요리' 등 여러 콘셉트를 가지고 수업을 하기도 했는데 그중 '뉴욕을 맛보다' 라는 수업은 특히나 기억에 남는다.

실습과 함께 십 주 동안 진행된 취미 요리반이었는데 봄, 여름, 가을, 겨울 편으로 나누어 제철 재료를 가지고 뉴욕의 다양한 맛을 만들었다. 다양한 인종이 사는 만큼 식문화도 그만큼 다양하게 공존하는 곳이 뉴욕이다. 그곳에서 요리를 배우고, 만들고, 맛을 보았던 경험을 살려 메뉴들을 짰다. 한 주는 멕시코식 요리와 칵테일이었다가 다음 주는 프랑스식 요리, 그 다음 주는 이탈리안 파스타…… 예전 마당이 있던 작업실의 작은 키친에서 귀와 마음을 활짝 열고 강의에 임했던 학생들과 함께 했던 수업 풍경은 아직도 눈에 선하다.

처음 요리 수업을 해야겠다는 마음을 먹었을 때, 제일로 하고 싶은 수업은 전문 요리반이었다. 나는 조금 학구적인 편이라 취미로 요리를 배우는 것보다 심도 있게 파고들어가는 것을 좋아한다. 꼭 요리사가 되기 위해 학습을 하는 것이 아니어도 분명 나처럼 요리를 제대로 이해하고 배우고 싶어하는 사람이 있을 거라는 생각에 전문 요리반에 욕심을 냈다.

'요리는 자전거 타는 것과 같다' 라는 말을 하곤 한다. 일단 요리를 하는 방법을 배우면 서양요리건 동양요리건 맛있게 만드는 건 비슷하다. 레시피를 보고 곰곰이 생각해보면 그 음식의 맛이 상상이 가고, 천천히 따라하다 보면 어느 순간에는 스피드도 붙고 조리방법이 적힌 종이 없이도 만들 수 있는 요리가 늘게 된다. 음식도 배우고 만들다 보니, 어떤 과학적인 사실이 그 저변에 깔려 있어 그걸 파악하면 쉽게 응용도 할 수 있게 된다. 물론 나도 배워야 할 음식에 대한 상식이 수두룩하다. 평생 배워야 할지도 모른다. 또한 그 사실이 더할 나위 없이 즐겁다.

어떤 단어로 표현할 수 있을까? 푸드 피플? 요리를 사랑하는 사람? 푸드 러버? 음식을 맛볼 때 행복하고 만들 때 즐거운 사람들을 말이다. 그런 사람들을 생각하면서 요리 수업을 준비하는 시간은 행복하다. 메뉴를 짜고, 식재료를 구입하고, 프렙을 하는 일로 수업은 시작된다. 완성된 음식을 어떤 그릇에 담고 테이블 세팅을 어떻게 할지까지 생각하면서. 더운 여름에는 선물처럼 요리 외에 모히토 같은 칵테일을 함께 만들어 마시기도 하면서 수업은 자유롭게 진행하고 있다. 식재료는 농장에서 사온 단호박이나 포도, 사과, 토마토 등을 이용하기도 한다. 유기농 토마토로 만든 토마토 소스는 맛이 섬세하고 담백하고 깔끔해 제일 좋은 반응을 얻었던 기억이 난다.

올해 드디어, 그동안 숙원하고 준비했던 전문 요리반 수업을 하게 된다. 개강일을 기다리고 있을 그들을 생각하면서 며칠 전 셰프 유니폼과 셰프 나이프를 맞추러 남대문 그릇상가에 갔다. 수업 설명회 때, 그 수업만은 요리사가 된 마음으로 임했으면 좋겠다고 말을 했다. 머리는 단정하게 질끈 묶고, 손가락은 노 매니큐어로 짧고 깔끔하게 왔으면 좋겠다고. 왼쪽 가슴에 학생 각자의 이니셜도 새기고, 셰프 나이프는 내가 직접 손에 쥐어보고 골랐다. 고가의 유명 브랜드를 사진 못했다. 요리가 좋아지면 나이프 욕심은 으레 나기 마련이기에 그 기회는 학생들에게 주기로 했다.

여섯 달 동안 매주 일요일, 그린테이블 작업실에는 요리를 사랑하는 사람들이 함께할 거다. 더할 나위 없이 기대된다. 바로 다음주!

풀무원, 순백의 심플한 세팅이면 충분해!

스타일링 의뢰는 다양한 배경과 그릇, 소품을 준비해달라는 주문이 대부분이다. 촬영을 할 때 좀더 시선을 끌 수 있는 방법으로 색다른 그릇이나 소품을 쓰는 일이 많기 때문이다. 몇 년간 요리 촬영을 하고 있는 곳 중 정반대의 요구를 하는 클라이언트가 있다. 유기농 용법으로 기른 식재료로 제품을 만드는 곳으로 그 제품은 재료가 어디에서 자라는지를 중요시하고 실천하고 있는 점이 참 맘에 든다.

그릇은 절제시키고, 제품을 최대한 부각시켜서 찍는 일은 생각처럼 쉬운 일은 아니다. 화려하지 않되 세련되고 절제된 느낌의 그릇이어야 하고 제품만 부각하다 보면 자칫 촌스러워 보이기 쉬운 작업이기에 더욱 그렇다. 윤정언니와 풀무원의 인연은 약 칠팔 년 전으로 거슬러 올라간다. 당시 포토그래퍼를 맡고 계시던 이주연 실장님의 소개로 풀무원 사보와 홈페이지에 쓰이는 이미지 작업을 하게 되면서 시작됐는데 매 해 봄, 여름, 가을, 겨울 이렇게 네 권의 책을 만든다. 매 호 특정 식자재를 선정해 꽤 깊이 있게 파헤치는 점이 무척 신뢰가 간다.

당시에는 획기적으로 자연 친화적인 이미지를 내세우던 기업이어서 흔쾌히 작업을 시작하게 되었다고 하는 이주연 실장님은 요리 촬영을 좋아하고 많이 하시는 분으로 우리 그린테이블과도 잘 맞는 분이시다. 좋아하는 것과 자주 하는 것은 분명히 다른데, 이주연 실장님은 촬영하기 전 항상 어떤 메뉴인지 물어보시는 요리 촬영을 좋아하는 몇 안 되는 분이다. 촬영하면서, 식재료나 만드는 방법 등 궁금한 걸 질문하시기도 한다. 찍으면서도 어떤 맛일지 궁금해하고, 촬영이 끝나면 남은 재료로 만든 요리를 먹으며 '아~ 이런 맛이로군요' 라며 좋아하신다. 그런 모습을 보면 요리하는 자매들은 즐거워진다.

실장님과 기쁜 마음으로 촬영한지 벌써 팔 년이 되어간다고 회상하는 표정을 짓는 언니가 참 뿌듯해 보인다. 그동안 처음 같이 일을 했던 에디터는 하고 싶은 일을 위해 떠나고 지금은 곽나순 씨가 맡아서, 자연 친화적인 촬영 작업을 함께 하고 있다. 좀 다른 의미겠지만, 요리를 좋아하는 여자 셋이 모여서 새로 출시된 제품을 먼저 맛보고, 맛있게 조리하는 방법을 찾고, 예쁘게 사진으로 담는 작업은 매번 즐겁고 유쾌하다.

컨설팅, 실력만큼 중요한 신뢰로 승부한다

자연스러움!

내가, 그린테이블이 가장 좋아하는 단어이다. 꾸밈 없이, 여과 없이 다 보여준다고 다 자연스럽다는 것은 아니다. 방치되는 것과 자연스러운 것은 엄연한 차이가 있다. 오랫동안 꾸준히 생각하고 실천해서 몸에 배게 된 아름다운 습관처럼, 뭐든 오랫동안 노력한 결과 자.연.스.레 배어나게 되는 그런 것을 좋아한다. 우리는 요리와 푸드스타일링을 하는 자매들이다. 우리 식의 자연스러움이란, 과하지 않고 편한 음식 맛과 모양새일 것이다.

그런 의미에서 2008년에 했던 두 건의 컨설팅은 그린테이블 스타일로 마음껏 작업했던 일들이었다. 중식당인 '후젠무이'에는 음식의 담음새와 그릇을 코디네이션 해주었고, 유럽식 유기농 요리를 선보이는 'B.R.C.D.'는 아예 메뉴 선정 작업부터 그릇, 담음새까지 다 잡아주었던 일이었다.

자연스러움을 좋아하는 사람들이 그린테이블을 찾아주는 것 같다. 코드가 맞는다고 해야 할까? 좋아하는 방향이 잘 맞으면 일을 하는 것이 즐거워진다. 새 작업실을 구해야 하던 2008년 봄, 전화 한 통이 걸려왔다. 또박또박한 목소리의 주인공은 2007년 11월 코엑스에서 있던 리빙페어 전시회에서 그린테이블을 처음 접했다고 운을 띄웠다. 『접시에 뉴욕을 담다』를 읽고 일을 맡기고 싶다는 생각을 굳혔다는 전화를 받고 떨리는 마음으로 미팅 시간을 기다렸다.

어떤 일을 맡기시려나? 항상 직접 만나서 얘기를 나눠보기 전에는 그 일에 대한 감을 잡기가 어렵다. 대충 짐작을 하지만, 사람마다 각자 생각하는 방식과 기대치가 다르기 때문이다. 겸손하고 신뢰감을 보여주는 상대방과 대화를 나누고 함께 일을 진행해나가는 일은 참 복된 순간이다. 사람들을 만나고 그들의 대화법과 사람 대하는 법 등을 보고 많이 배우게 된다.

후젠무이의 욱패 씨는 똑부러지면서 신뢰감을 주는 스타일이었다. 중요한 행사를 앞두고 있는데, 채소를 가지고 코스 요리를 세련되게 선보이고 싶다는 게 주 내용이었다. 며칠 후, 교대 근처의 후젠무이를 찾아갔다. 욱패 씨는 뉴욕으로 출장을 가서, 어머님인 왕려용 사장님께서 우리를 맞아주셨다. 보이시한 외양과 상반된 수줍은 미소로 우리를 방으로 안내하셨다.

곧 있을 행사에 나올 채소 메뉴들이 약 오 분의 간격을 두고 나왔다. 생감자는 아닌데 아삭아삭한 감자채 샐러드, 해조류 샐러드, 청포묵과 고수 잎을 버무린 샐러드, 중국식 두부로 만든 요리, 송이버섯를 비롯한 여러 버섯들이 듬뿍 담긴 보양식 수프, 버섯으로 만든 탕수육, 매생이와 버섯 요리 등 모든 재료는 채소만으로 만든 음식들이었다. 일이라고 속으로 계속 다잡았지만, 맛있는 음식과 보이차 앞에서 마음은 자꾸 말랑하게 풀어져만 갔다. 거기에 선한 눈빛으로 음식에 대한 이야기를 해주시는 왕사장님과의 담소는 참으로 즐거웠다. 왠지 일하러 온 게 아니라, 맛있는 음식을 대접받으러 온 기분이랄까.

그래도 우리가 할 일은 열심히 해야 하니까, 메뉴마다 꼼꼼히 사진을 찍고 수정할 점 등을 메모했다. 며칠 후, 귀국한 욱패 씨와 미팅을 하고 며칠 후의 이벤트에 대한 세부사항을 논의해나갔다. 행사 당일은 푸드스타일리스트 학생들과 함께 후젠무이를 찾았다. 윤정 언니는 미리 준비한 꽃과 테이블 클로스*로 세팅을 했다. 나는 시간에 맞춰, 주방에 들어가서 음식의 담음새를 함께 체크했다. 며칠 전 첫 미팅 때 보았던 메뉴들이 좀더 세련된 담음새로 접시에 담겨나갔다. 만족스러운 결과라면서 감사하다는 인사를 받으며 작업실로 돌아왔다.

다음 작업은 친숙한 자장면, 짬뽕, 사천탕면 등의 메뉴를 젊은 감각으로 내고 싶다고 했다. 각 메뉴의 맛을 보고, 조언을 하고, 메뉴에 맞는 그릇을 정하는 일이었다. 남대문 시장, 고속터미널 지하상가, 백화점을 돌면서 메뉴와 어울릴 볼과 접시를 샘플로 샀다. 각 메뉴에 맞으면서, 단가도 너무 비싸지 않은 것들이어야 했는데, 다행히 클라이언트가 무척 마음에 들어했다.

그 후로도 후젠무이에는 자주 들르고 있다. 우리가 컨설팅을 해서이기도 하지만 후젠무이의 음식이 참으로 마음에 들기 때문이다. 자연스러운 중국 음식이라고 정의하면 그들은 어떤 표정을 지을까? 내가 느낀 점이 바로 그러하니 다른 어구는 떠오르지 않는다. 화교라서 한국에서 적응하면서 지금처럼 중식당을 경영하게 되기까지 힘든 점도 참 많았다는데, 음식을 좋아하는 왕사장님의 고집이 오늘을 있게 한 것이다. 후젠무이를 통해, 지금까지 알고 있던 중국 음식에 대한 편견이 많이 깨졌다. 부끄럽지만 일을 했다기보다는 중국 음식을 배우는 계기가 된 것 같다. 이윤을 많이 남기는데 주력하기보다는 신선한 재료로, 제대로 된 중국요리를 맛보이고 싶다는 그들의 의지가 빛을 발하기를 맘속 깊이 바라본다.

B.R.C.D.는 'Bread is Ready, Coffee is Done' 이라는 문구의 약어로 우리가 메뉴와 그릇을 다 선별

한 유럽식 유기농 요리를 선보이는 레스토랑의 이름이다. 유럽식 요리여서, 서양요리를 전공한 내가 참 즐겁게 작업한 일이다. 할머니가 만들어준 것 같은 유럽풍 요리를 하고 싶다는 분들을 만나 즐겁게 메뉴 작업을 했다. 작년 4월부터 육 개월 정도 메뉴를 뽑는 작업을 했다. 매주 하루는 안양으로 가서 메뉴 작업을 했고, 하루는 그린테이블로 클라이언트가 찾아와서 개발한 메뉴를 맛보면서 진행되었다.

냉동시키지 않은 생지(냉장보관된 반죽)로 구운 빵에 어울리는 제철 재료로 달지 않게 만든 잼류, 맛있는 고기의 맛을 살린 그릴에 구운 스테이크류, 그 외 브런치, 샌드위치, 파스타, 샐러드 등의 카테고리로 나누어 다양하게 메뉴를 구성했다.

평소 좋아하는 메뉴들을 인공 첨가물을 사용하지 않고 식재료 본연의 맛을 살리는 방식으로 레시피를 만들었다. 소금과 후추만으로 만드는 요리들이라 자극적인 맛은 아니었다. 자극적인 음식을 좋아하지 않는 입맛에는 처음부터 좋다는 반응이고, 반대의 사람들에게는 다소 싱겁다는 반응이었으나 이내 먹으면 속이 참 편해서 좋다는 얘기를 듣고 안도를 했다.

윤정 언니는 레스토랑에 쓰일 접시 선정을 위해 몇 달 동안 분주했다. 그릇이 있는 곳은 어디든 가서 샘플을 들고 왔다. 기성품보다는 새로운 그릇을 원했다. 그래서 국내에서 보기 드문 외국 그릇도 수입하고,

그릇을 만드는 곳의 사장님과 잦은 미팅을 통해 B.R.C.D.용으로 새로 디자인해서 그릇들을 맞췄다. 이번 주는 모양을 잡아 구워나오는 것을 확인하고 다음 주는 원하는 색채를 입히고…… 그렇게 브런치용 접시, 플래터용 접시, 파스타용 그릇, 그라탱 그릇, 카푸치노를 담을 손잡이가 없는 볼 형식의 그릇 그리고 유리컵과 와인잔까지 전체 식기류가 몇 달에 거쳐 완성됐다. 메뉴에서 그릇, 그리고 테이블세팅까지 그린테이블이 전 과정을 방향을 잡아간 대단히 크고도 재미있는 프로젝트였다.

크리스마스 이틀 전에 오픈식이 있었다. 완성된 주방에서 가오픈을 할 시간은 딱 이 주일뿐이었다. 두 달 전쯤에 메뉴와 레시피에 대한 교육을 주방 매니저와 캡틴들에게 해주었지만, 주방의 요리사들이 메뉴를 제대로 이해했는지 체크하고 주어진 시간에 빨리, 제대로 음식이 나오는지 연습하기에는 턱없이 부족한 시간이었다. 처음 며칠 동안은 새로운 요리사를 알아가는 것, 나를 받아들이게 하는 것도 힘들었던 시간이었다. 힘들게 일하는 요리사들에게 컨설턴트는 잔소리하고 일을 힘들게 하고 참견하고 방해하는 사람으로 비춰질 수 있어 조심스러웠다. 그러나 나는 내가 만든 메뉴가 그들 손에서 좀더 완벽하게 구현되기를 바랐기에 쉽게 넘어갈 수는 없었다.

우려했던 것과 달리 주방식구들은 요리에 대한 열정이 가득차 힘든 스케줄이었지만 애써 참아가면서 잘 버텨주었다. 꽤 오랫동안 모두 쉬는 날 없이 일했고, 열심히 임해주었다. 크리스마스 이브와 크리스마스, 그리고 이후의 며칠을 주방의 요리사들과 함께 B.R.C.D. 컨설팅의 마무리를 했다. 세상에 쉬운 일이 어디 있겠느냐마는 주방에서 일하는 것은 특히 힘든 일이기는 하다. 음식 만드는 것을 좋아하고, 사람들이 맛있게 먹는 걸 볼 때 희열을 느끼기에 요리사를 직업으로 선택했을 그들이겠지만 그런 요리사들과 함께한 2008년 연말은 힘들긴 했지만 참 즐거운 시간들이었다.

에그 베네딕트, 보송한 팬케이크, 브리오시 브레드로 만든 프렌치 토스트 등 평소 좋아하는 브런치 메뉴와 구워서 달달한 비트와 직접 만든 코티지 치즈를 얹은 샐러드, 바게트 빵을 구워 채소와 버무린 판자넬라, 구운 쇠고기를 넣어 든든한 샐러드, 적당한 지방이 분포되어 구우면 고소한 채끝살 스테이크, 정직하게 좋은 쇠고기를 갈아만든 햄버거 스테이크, 양파를 장시간 볶아 캐러멜화한 양파 수프, 돼지 안심과 구운 사과 요리 등 자식 같은 메뉴들이 지금 B.R.C.D.에서 요리사들의 손을 거쳐 손님들에게 내어지고 있다.

맛있게, 멋있게, 120퍼센트의 완벽함,
케이터링 서비스

뉴욕에서 일하던 레스토랑에 가끔 비상이 걸리곤 했다. 고급 유러피안 레스토랑으로, 프랑스 요리를 기반으로 유럽 음식의 특장점들을 다양하게 접목한 곳이었다. 점심에는 문을 닫고 저녁 식사만 하는 곳이었는데 외부로 파티 음식(케이터링)을 나갈 일이 있을 때면, 저녁 식사 서비스용 음식 준비를 하는 것 외에 케이터링에 필요한 요리를 더 만들어야 했다. 자주 있는 일은 아니었지만, 바쁜 일정 속에서 좀 더 할 일이 늘어나는 거였다. 출근 시간이 서너 시간씩 앞당겨지기도 했다.

스테이션별로 담당 음식을 지정받아 준비했다. 가끔은 요리사 몇 명이 셰프(주방장)를 돕기 위해 외부의 파티장으로 가서 준비한 재료로 즉석으로 요리를 만들어내기도 했다. 나도 몇 번 주방장을 따라 행사장을 다니곤 했다. 매일 똑같은 주방에서만 일하다가 한 번씩 나가는 날이면 몸은 좀더 힘들었지만 특별한 이벤트 같아 재미있기도 했다.

그린테이블이란 이름으로 일을 한 지 일 년 정도 지났을 때, '파티트리'라는 부서를 만들었다. 뉴욕식 케이터링을 하고자 만든 부서로 메뉴를 뽑는 동시에 남대문 일대를 돌면서 물품 구입을 했다. 파티에 필요한 플래터(큰 접시), 앞접시용으로 쓰일, 로고를 새겨 넣은 차이나 접시부터, 포크, 워머기 등을 구입했다. 사도 사도 필요한 것들이 계속 생겼다. 막상 사려 하니 살 것들의 품목들도 다양하고 많았다. 뉴욕에서 경험했던 모든 식기류를 완벽하게 갖춘 파티처럼은 안 되겠지만, 음식만은 맛있게 만들자며 스스로 위안을 했다. 연말이라 회사 송년회가 있을 시기여서 케이터링 문의 전화가 오기 시작했다.

파티 문의 전화는 파티트리의 담당자인 내가 받았다. 행사 날짜, 시간, 인원 수를 꼼꼼히 받아적으며 상담을 한 후 견적서를 보낸다. 고객 쪽에서 하고자 결정하면 팀장이 사전 미팅을 갖는다. 파티 장소에 줄자와 사진기를 가져가, 장소 사진을 찍고 담당자와 조율할 부분을 맞춘다. 파티 삼 일 전까지는 음식을 만들 모든 식재료, 플라스틱이나 종이컵 같은 소모품을 배달받거나 구매한다. 이틀 전에는 재료 손질을 끝내고 신선한 음식을 대접하기 위해 전날 음식을 만들기 시작한다. 고기나 딸기처럼 신선해야 하는 재료는 전날 한 번 더 구입하기도 한다. 재료가 신선한 것이 맛있는 음식을 만드는 비법이기 때문이다.

그러다 고급 케이터링 주문이 들어와서 랍스터 요리라도 있을 때면, 랍스터를 손질하면서 살짝 떨어지는 살점 부분을 모아 맛있는 점심을 만들어먹기도 한다. 신선한 토마토와 양파를 송송 썰어, 올리브 오일에 양파를 먼저 달콤하게 볶다가 토마토를 넣는다. 월계수 잎과 드라이 오레가노를 살짝 뿌려 은근한 불에서 끓이다가 소금, 후추로 간을 맞추면 신선한 토마토 소스가 완성. 그동안 파스타 면을 소금물에 넣어 삶고 랍스터 살을 소스에 넣고 살짝 익힌다. 프라이팬에 올리브 오일을 넉넉히 두른 후 저민 마늘을 넣어 마늘 향이 배게 한 후, 삶아진 면을 넣고 올리브 오일에서 살짝 볶아 면발을 탱글하게 하고 마늘 향을 준 후, 완성된 토마토 소스를 넣고 오른쪽 손목을 이용해서 통통 튀면서 섞어주면 완성. 잠시 앞치마를 벗고 후딱 점심을 먹고 힘이 불끈 나는 우리끼리 말하는 노동자의 커피(믹스 커피)를 한 잔씩 마신 후, 다시 일에 돌입한다.

　　머리카락을 질끈 묶고, 앞치마는 허리춤에 단정하게 돌려입은 후 양 소맷자락을 걷어 붙인다. 아스파라거스 쇠고기 꼬치에 쓰일 바비큐 소스를 보글보글 끓이고, 닭고기를 구워 프로슈토•와 함께 꼬치에 끼우고…… 다들 분주하게 하지만 침착하게 손을 놀린다. 작지만 손이 많이 가는 카나페 음식, 배가 든든할 요리, 디저트용 컵케이크 등을 굽다 보면 시간은 자정을 넘기기 일쑤. 미리 만들어두면 신선도가 떨어지니 어쩔 수 없다. 나도 그렇지만 같이 일하는 스태프와 언니들의 고생도 만만치 않다. 윤정 언니는 조카 진교 때문에 우리보다는 조금 일찍 퇴근하는 편이지만, 다음날 아침 꽃시장에 들러 꽃을 한 아름 사들고 온다. 힘들게 일하는 그린테이블을 위해, 파티 음식을 돋보이게 할 꽃 장식을 해주기 위해서다.

　　케이터링은 단기간 많은 양을 만들어야 한다는 점이 핵심 포인트이면서, 가장 어려운 점이다. 예쁘게 만드는 것을 떠나 맛있게까지 만들어야 하니 당연한 일이지만 신경 쓸 일이 많다. 그래도 행사장에 도착해서 스태프들과 함께 테이블 세팅을 시작으로 음식을 먹음직스럽게 담아내고, 꽃 장식을 놓고 테이블을 최종 점검하는 시간은 참 긴장되면서도 뿌듯하다. 잠시의 정적이 흐르고, 파티트리 로고가 새겨진 접시를 왼손에 들고 시식을 시작하는 사람들의 모습을 하나하나 관찰한다. 입맛에는 맞는지, 어떤 음식을 좋아하는지 등을 얼굴 표정으로 헤아리려 애를 쓴다.

　　그러다가 맛있어하는 반응을 보는 순간이 있다. 그 다음은 구름을 걷는 기분이다. 까만색 앞치마를 두른 우리들은 바쁘게 테이블 사이를 돌면서 떨어지는 음료는 없는지, 어떤 음식을 새로 담아내야 하는지, 테이블이 더럽혀지지는 않았는지 등을 체크한다. 입가에는 저절로 미소가 지어지고 마치 우리 손님들이 식사하러 온 것 같은 기분이 든다. 다들 맛있고 배불리 드시고 갔으면 하는 기분으로 음식이 있는 테이블을 가

꾸고 또 가꾼다.

　　사진 촬영을 위한 아름다운 요리와 세팅을 하는 일이 정적인 일이라면, 직접 고객을 찾아가서 음식을 맛있고, 멋스럽게 풀어야 하는 케이터링이야말로 생방송이라고 할 수 있다. 맛도, 모양도, 양도 항상 120퍼센트로 완벽함을 기해야 하는 종합적인 일이다. 파티행사장에서 소품과 그릇 등을 챙기고, 뒷정리를 하고 나면 또 다른 어마어마한 일이 기다리고 있다.

　　산더미처럼 쌓인 설거지 감.

　　하나하나 제자리에 되돌려 놓아야 하는 그릇과 소품들을 깨끗이 닦은 후 물기를 제거한다. 요리하는 일이도 집안일처럼, 해도 해도 끝이 없다는 생각을 여실히 하는 순간이다. 나는 접시들을 싱크대에 놓고 뜨거운 물과 주방세제로 뽀득뽀득 닦는 일을 좋아한다. 단순한 반복 속에서 머릿속이 깨끗해지는 기분이랄까? 이쯤 되면 내 고질병인 오른쪽 어깨통증이 기다렸다는 듯이 시작된다. 불이 붙은 것처럼 화끈거리며. 설거지 작업이 마지막 순서인 것이 참 다행이다. 몸도 머리도 피로해져 단순한 설거지 작업이 딱 제격인 순간이니까. 힘들게 일한 스태프들은 그래도 마지막 힘을 내서 모두 함께 그날 있었던 일에 대한 수다를 떤다. 개운하게 뒷정리를 마치면서 근처 삼겹살집으로 가서 시원한 맥주와 삼겹살로 기운을 보충하는 시간. 참 기다려지는 즐거운 시간이다. '열심히 일한 당신, 먹어라!!'쯤 될 것 같다.

10년차 푸드스타일리스트 김윤정이 자주 가는 그릇 가게

01 정소영 식기장 사장님의 이름을 딴 그릇 가게입니다. 동갑이기도 하지만 그릇을 사랑하는 사장님의 순수한 성품과 열정에 반하기도 한 곳입니다. 한국 도예가들의 멋진 그릇들을 만나볼 수 있습니다. 조금은 현대적인 한국 그릇 가게로 지하에는 미술 전시회도 열립니다. 청담동에 위치합니다.

02-541-6480

02 피숀 새로운 그릇들이 필요할 때 항상 들르는 곳이기도 합니다. 신세계 백화점에서 운영하는 그릇 가게로 직접 바이어가 외국에서 고른 다양한 그릇들을 볼 수 있어 좋습니다. 특히 다른 곳에 비해 글라스류가 다양합니다. 신세계 백화점 7층에 있습니다.

02-3479-1471

03 웅 갤러리의 세라믹요 Ceramic Yo 한 쪽에서는 작가들의 전시회를 열어주기도 하고 한 쪽에서는 작가들의 그릇들을 판매하는 갤러리 숍입니다. 항상 편안하게 맞아주는 직원들 때문에 자주 찾는 곳이지요. 가끔 그릇 정리세일을 하곤 해서 기쁜 마음으로 달려가곤 합니다.

02-546-2710

04 갤러리 아리아케 일본에서 직수입하는 아기자기하고 예쁜 일본 그릇 가게입니다.

02-543-5651 www.galleriare.com

05 우리그릇 려 벌써 이곳을 방문한 지가 십 년이 넘었습니다. 한국 도예가들의 콜렉션 숍으로 멋스러운 손맛 느낌의 그릇들을 볼 수 있습니다.

02-549-7573 www.urigurutryu.com

06 이딸라 핀란드산 이딸라 제품들을 판매하는 곳으로 모던하고 견고합니다. 무엇보다도 색과 디자인이 아름다워 소장하고 있는 그릇들이 많습니다. 유명한 마리메코(Marimekko) 패브릭 패턴을 넣은 그릇도 나와 있습니다. 주방기구도 편리하고 견고합니다. 신세계, 갤러리아 백화점에 있습니다.

02-2213-0623

07 태홈 TEHOME 자연주의 그릇과 패턴이 강한 그릇, 글라스, 촛대, 커트러리 등 다양한 외국 디자인 브랜드를 한꺼번에 볼 수 있는 곳입니다. 새로움에 목마를 때 꼭 들러보는 곳이지요.

02-547-2082

08 카렐 일본 빈티지 스타일의 아기자기한 그릇과 소품들을 판매하는 곳입니다.

02-3446-5094

09 무지 내추럴한 자연주의 일본 수입 숍으로 가구, 그릇, 소품, 문구, 의류까지 없는 게 없습니다.

02-935-8173

10 까사미아 가구, 그릇, 소품, 침구류, 아이들 용품까지 한곳에서 볼 수 있습니다. 체인점이라 지방에도 있는 숍입니다.

02-516-9408(압구정) www.casamia.co.kr

11 한샘인테리어 다양한 그릇들과 소품들을 한자리에서 만나볼 수 있습니다. 가격이 저렴한 편이지요.

02-542-8558

12 남대문 그릇상가 대도상가, 숭례문 수입상가 레스토랑 컨설팅 의뢰가 들어왔을 때 꼭 먼저 둘러보는 곳입니다. 업소에서 많이 이용하는 곳으로 다양하고 가격 또한 저렴한 편입니다. 워낙 많은 그릇 가게들이 붙어 있어 눈이 즐겁답니다.

13 앤티크반 미국 앤티크 소품 가게로 이곳만큼 다양한 그릇과 소품 앤티크가 많은 곳은 없을 겁니다. 사장님이 소장하고 계신 소품들까지도 단골 손님에게 내어줄 때도 있습니다. 청담동에 있습니다.

02-512-1343

14 바바리아 유럽 앤티크 소품 가게로 특히 빈티지한 가구와 소품들이 많습니다.

02-793-9013

15 무아쏘니에 유럽 앤티크 소품 가게로 그릇과 가구가 참 예뻐서 가끔씩 꼭 들러보는 곳입니다.

02-515-9556 www.moissonnier.co.kr

16 제인인터내셔널 모던한 디자인 인테리어 가구 숍입니다. 잡지 촬영에서도 가구가 필요할 때는 꼭 들러보는 곳으로 다양한 가구들을 접할 수 있습니다.

02-548-3467 www.jaininter.com

17 코헨 국내에서 디자인해서 제작하는 나무 가구 숍입니다. 나무로 만든 여러 주방용품들도 많습니다.

02-548-3057, 02-3443-0048

18 동대문 천시장 국내에서 가장 큰 천 가게입니다. 워낙 넓고 다양해서 하루에 다 보긴 어려우니 필요한 종류의 천들을 정하고 가야 시간을 절약할 수 있습니다.

02-2279-5038

10년차 푸드스타일리스트 김윤정이 그릇을 선택하는 방법

01 그릇을 구입할 때에는 세트로 구입하지 않습니다. (세트를 구입하더라도 최소 2인용만 구입합니다.)

02 처음에 어떤 그릇을 사야할지 고민이 된다면 문양이 있는 것보다는 하얀 그릇을 먼저 구입합니다.
나중에 잘못 샀더라도 흰 그릇은 어디든 다 어울리니까요.

03 과일 등 디저트 접시는 처음부터 꽃문양 등 패턴이 있는 아이템들을 구입하는 것도 좋습니다.
(디저트는 식사와 다른 그릇들을 사용하면, 식사가 끝나 후식이라는 기분도 들고, 다과 손님에게도 모양새 있게 대접할 수 있습니다.)
꼭 앞접시도 구입하는 것이 좋습니다.

04 생선접시나 전골냄비 등은 하나쯤은 가지고 있으면 유용하게 쓰일 수 있습니다.

05 무늬 없는 컬러 접시를 사봅니다. 연한 그린, 하늘, 분홍, 브라운, 노랑 등의 파스텔 계열로 말이죠.
형태에서도 원형과 사각을 섞어줍니다. (4:1 정도)

06 어느 정도 그릇이 모였다면 패턴이 있는 그릇들을 기존의 그릇들과 어울리는 컬러의 그릇들로 골라봅니다.
좀 화려해도 좋습니다. 상을 차렸을 때 포인트가 되기 때문입니다.

07 이쯤 화려한 원색 그릇이나 나뭇잎 등 모양이 있는 그릇을 구입해서 섞어봅니다.
포인트 그릇으로 말이죠.(빨강, 파랑, 검정색 등 계절에 맞는 색으로 정리해도 좋습니다.)

08 여름에는 시원한 유리그릇들도 몇 점 구입하면 식탁이 시원해질 겁니다.

09 아이가 있다면 귀여운 캐릭터 모양의 접시를 구입해
"우리 왕자님, 공주님" 그릇이라고 이야기해줍니다.
(진교도 너무 좋아합니다.)

10 그런 다음 여유가 생긴다면 크리스마스 느낌의 그릇,
차(tea)와 관련된 그릇과 소품 등 시즌별 아이템들을 모아봅니다.
(해마다 모으니 이것도 가족의 이벤트가 되네요.)

11 깨지더라도 꼭 도자기 제품의 그릇들을 삽니다.
또한 너무 싼 그릇들은 발암 물질 등이 나온다고 하니
아주 마음에 들지 않는 이상은 피하는 게 좋습니다.

part 4

특별한 사람을 위한
특별한 상차림

상차림에도 스타일이 있다!
2장의 제철요리보다 가볍고 발랄하고 달콤한 메뉴들의 집합!
2장에 미처 담지 못한 수십 가지의 요리들을 소개합니다.
라이프 스타일을 바꿔버린 브런치에서부터 한입에 먹기 좋은 핑거푸드까지
요리사 은희의 아이디어가 반짝이는 개성 만점 총천연색의 요리들이
십 년 동안 갈고 닦은 윤정의 감각적인 솜씨를 만나 빛을 발합니다.

01 계란 토스트와 알감자 해시 브라운, 방울토마토 피클

02 딸기 블루베리 팬케이크

03 소시지와 토스트를 곁들인 스크램블드 에그

04 구운 사과를 얹은 프렌치 토스트, 귤잼

01 계란 토스트와 알감자 해시 브라운, 방울토마토 피클 2인분

계란 토스트 두툼한 식빵 2장, 계란 2개, 소금, 후추, 식용유 약간

01 식빵 가운데를 지름 5cm 정도로 둥근 쿠키 커터기로 자른다.

02 프라이팬에 식빵 한 면을 살짝 구운 뒤, 소량의 식용유를 바닥에 바른다. 식빵을 뒤집고 계란 흰자만 넣어 2분 정도 구워 계란 바닥면이 응고되게 만든다.

03 조심스럽게 계란 식빵을 들어 오븐팬에 옮겨 계란 노른자를 흰자 위에 올린 후 소금, 후추를 뿌려 175℃ 오븐에서 7분 정도 구워낸다. 계란 반숙이 좋은 사람은 노른자를 나중에 넣으면 된다.

알감자 해시 브라운* 알감자 10개, 채 썬 양파 1/4개, 식용유 1큰술, 소금, 후추

알감자는 소금물에 삶아 식힌 후, 5mm 두께로 썬다. 프라이팬을 달군 후 불을 약하게 조절한 다음 식용유를 넣고 알감자를 굽는다. 한 면이 노릇하게 구워지면 뒤집고 채 썬 양파를 넣어 감자가 깨지지 않게 조심하면서 볶는다. 소금, 후추로 간을 맞춘다.

방울토마토 피클 방울토마토 10개, 다진 양파 1큰술, 올리브 오일 1큰술, 레드 와인 식초 1큰술, 다진 파슬리 1작은술, 소금, 후추

● **해시 브라운** 감자 겉을 바삭할 정도로 구워먹는 감자 요리. 메인 요리에 곁들여먹는 사이드 요리.

02 딸기 블루베리 팬케이크 2인분

팬케이크 반죽 중력분 1+1/2컵 , 계란 2개(흰자, 노른자 분리), 우유 1컵, 바닐라 에센스* 3방울, 소금 1/2작은술, 설탕 3큰술

딸기 요거트 소스 딸기 3개, 떠 먹는 요거트 1개, 꿀 1큰술, 레몬즙 약간

딸기, 블루베리, 메이플 시럽* (취향에 따라)

01 볼 두 개에 계란 흰자와 노른자를 각각 담는다.

02 노른자를 거품기로 잘 젓는다. 설탕, 소금, 우유, 바닐라 에센스를 넣고 잘 섞는다. 밀가루를 체에 내려넣고 거품기로 젓는다.

03 계란 흰자를 깨끗한 거품기로 젓는다.

04 '02'의 볼에 '02'의 계란 흰자 절반 양을 넣고 살살 섞는다. 거품이 꺼지지 않게 두 번에 나눠 섞는다. 나머지 계란 흰자를 넣고 살살 섞어 반죽을 완성시킨다.

05 프라이팬을 달군 후, 불을 약으로 조절한다.

06 버터나 오일을 두른 후 종이타월로 기름을 살짝 닦아낸다.

07 국자로 반죽을 떠서 모양을 둥글게 만들어 익힌 후, 반죽표면에 기포가 생길 때 뒤집는다.

08 접시에 담고, 베리류를 담은 그릇을 곁들인다. 딸기 요거트 소스를 곁들인다. 기호에 따라 메이플 시럽, 버터 등을 곁들여도 좋다.

● **바닐라 에센스** 바닐라 빈을 그늘에 말린 후 알코올로 바닐라 향을 추출한 것으로, 케이크, 아이스크림 등의 디저트에 다양하게 쓰인다.
● **메이플 시럽** 단풍나무 액, 황금 브라운 컬러의 시럽으로 팬케이크 등 달콤한 요리와 어울린다.

03 소시지와 토스트를 곁들인 스크램블드 에그 2인분

시판용 소시지 4개, 수경 채소 1팩, 계란 6개, 우유 1/4컵, 버터 1큰술,
소금, 후추, 호밀빵 2장

씨겨자 소스 씨겨자• 4큰술, 다진 이탈리안 파슬리 1큰술, 레몬즙 1/2작은술

발사믹 드레싱 발사믹 식초 1큰술, 올리브 오일 2큰술, 레몬즙 1작은술,
꿀 1/2작은술, 다진 양파 1큰술, 다진 파슬리 1작은술, 소금, 후추

01 소시지는 프라이팬에 기름을 약간 두르고 볶거나,
175℃ 오븐에서 9분 정도 굽는다.

02 작은 볼에 계란을 풀고 우유와 섞은 뒤 소금, 후추를 뿌린다.

03 코팅 팬•을 달군 뒤 버터를 녹이고, 계란 혼합물을 넣어
스크램블을 한다.

04 호밀빵은 토스트 기계나 프라이팬, 또는 오븐에 넣고 구워
삼각형으로 자른다.

05 발사믹 드레싱 재료를 볼에 넣고 거품기로 잘 섞는다.

06 접시에 구운 소시지, 스크램블드 에그, 샐러드를 담는다.
샐러드 위에 잘 섞은 발사믹 드레싱을 뿌려준다.

07 씨겨자에 다진 파슬리와 레몬즙을 섞어, 스푼으로 떠서
소시지 옆에 담는다.

• **코팅 팬** 눌러붙지 않게 겉면을 코팅시킨 팬.
• **소스 팬** 소스를 만들 때 쓰는 팬으로 손잡이가 있고 바닥이 두툼한 것이 좋다.

04 구운 사과를 얹은 프렌치 토스트 2인분

우유 식빵 6장, 버터 1큰술, 우유 1/2컵, 생크림 1/2컵
계란 1개, 바닐라 에센스 1/2작은술, 계핏가루 1/2작은술
잭다니엘 2큰술, 소금, 후추, 사과 1개, 버터 2큰술, 메이플 시럽 1/2컵

01 우유, 생크림, 계란, 바닐라 에센스, 계핏가루, 잭다니엘을
볼에 담아 거품기로 잘 젓는다. 넓적한 그릇에 옮겨담는다.
식빵을 우유 혼합물에 푹 담갔다가 뚝뚝 떨어지는 여분의
우유 혼합물을 털어낸다.

02 달군 팬에 버터를 살짝 둘러 양면을 구워낸다. 이때 불이
너무 세지 않게 주의한다. 오븐이 있다면 양면을 구운 토스트를
180℃ 오븐에 넣고 속까지 골고루 익히면 더 좋다.

03 사과는 두툼하게 저민 다음, 팬에 버터를 두르고
살짝 구운 후, 메이플 시럽을 넣고 2분간 더 데운다.

04 접시에 프렌치 토스트를 담고 위에 사과 메이플 소스를 부어낸다.

귤잼 껍질 벗긴 귤 300g, 찬물 70ml, 황설탕 60g

귤은 껍질을 벗기고 흰 부분을
가능하면 제거한 후, 동일한 크기로
대충 썬다. 바닥이 두툼한
소스 팬•에 귤, 찬물, 황설탕을
넣고 조린다. 약한 불에서 약 20분
정도 은근히 끓인 후, 믹서에 간다.

01 두부 오믈렛

02 칠리 새우 계란 덮밥

03 조갯살 푸질리 파스타

04 단호박 카레라이스

05 건강 채소 찐빵

06 단호박 양갱

07 견과류 쿠키

01 두부 오믈렛 2인분

유기농 단단한 두부 150g, 계란 6개, 브로콜리 60g, 토마토 1/2개,
다진 실파 1큰술, 다진 양파 2큰술, 포도씨 오일 1큰술, 토마토 케첩 적당량,
소금, 후추 약간

01 계란은 곱게 풀고, 두부는 칼등으로 눌러 으깬 다음
   마른 행주에 싸서 물기를 짠다.

02 브로콜리는 작게 자르고, 토마토는 씨 부분은 제거하고
   과육 부분만 1cm 크기의 주사위 모양으로 썬다.

03 '01'과 '02'를 잘 섞은 다음 소금과 후추로 간한다.

04 달군 팬에 포도씨 오일을 두르고 다진 양파를 달달 볶다가
   '03'을 붓는다. 나무 주걱으로 저어가며 익히다가
   타원형에서 반으로 접어준다.

05 접시에 담고 입맛에 따라 토마토 케첩이나
   허니 머스터드 소스를 뿌려낸다.

02 칠리 새우 계란 덮밥 2인분

밥 1공기, 계란 3개, 새우 중하 8개(새우 밑간 : 청주 2큰술, 녹말가루 2큰술,
소금, 후추 약간), 노란 파프리카 1/2개, 다진 양파 1/4개,
다진 마늘 1작은술, 다진 생강 1/2작은술, 포도씨 오일 약간

칠리 소스 스위트 칠리 소스 2큰술, 토마토 케첩 1큰술, 간장 1큰술, 청주 1큰술,
레몬즙 1+ 1/2큰술, 물 2큰술, 소금, 후추 약간

01 새우는 머리를 떼고 껍질을 깐 후 이쑤시개를 이용해 내장을
   제거하고 새우 밑간 재료에 버무려놓는다.

02 냄비에 물을 끓인 다음 새우를 넣어 살짝 데쳐낸다.

03 소스 팬에 칠리 소스는 한데 섞어 부르르 끓인다.

04 노란 파프리카는 한입 크기로 자른다.

05 팬에 포도씨 오일을 두르고 다진 양파, 마늘, 생강 넣어 볶다가
   고소한 향이 나면 손질한 파프리카를 넣어 볶다가 바로 '03'의
   칠리 소스를 넣고 다시 볶는다.

06 '05'에 다시 새우 '02'를 넣고 중불에 볶다가 소금과 후추로
   간을 맞춘다.

07 달군 팬에 포도씨 오일을 두르고 곱게 푼 계란을 넣고
   가장자리가 익기 시작하면 젓가락으로 휘저어 볶아준다.
   약간의 소금과 후추로 간한다.

08 따뜻한 밥에 계란 볶음 '07'과 새우 칠리 볶음 '06'을 끼얹어
   담아낸다.

03 조갯살 푸질리 파스타˙

**푸질리 파스타 300g, 조갯살 1/2컵, 브로콜리 1/2개, 마늘 3톨, 양파 1/4개, 풋고추 1개,
엑스트라 버진 올리브 오일 2큰술, 소금, 후추 약간**

01 조갯살은 엷은 소금물에 살살 흔들어 씻은 후 체로 건져 물기를 빼놓는다.

02 브로콜리는 봉오리와 줄기를 나누어 2cm 정도로 작고 길쭉하게 썰어놓는다.
　 소금 넣은 끓는 물에 손질한 브로콜리를 넣어 살짝 데친 후, 체로 걸러 물기를 빼놓는다.

03 풋고추는 반 갈라 씨를 제거한 후 어슷하게 썰어놓고
　 양파는 1cm 주사위 형태로 썰고 마늘은 편 썰어놓는다.

04 냄비에 물을 넉넉하게(2인분에 약 2리터) 부어 소금을 넣고(2인분 약 30g) 끓으면
　 푸질리.파스타를 넣고 8분 정도 삶는다.
　 다 삶으면 면을 채로 건져놓는다. 삶은 물은 버리지 않는다.

05 푸질리 면을 삶는 동안 팬에 올리브 오일과 마늘을 넣고
　 노릇하고 고소한 향이 날 때까지 볶는다.

06 '05'에 브로콜리와 조갯살, 풋고추와 양파, 면 삶은 물 한 컵을 넣고 볶아준다.
　 삶은 푸질리 파스타를 넣고 다시 더 볶아준 후 소금과 후추로 간해 마무리한다.
　 국물이 부족하다면 중간에 면 삶은 물을 더 넣어주면 된다.

● **푸질리 파스타** 회오리 모양의 파스타 면

04 단호박 카레라이스 2인분

단호박 200g, 쇠고기 200g, 토마토 1개, 사과 1/2개, 건포도 2큰술, 양파 1/2개,
포도씨 오일 1큰술, 다진 마늘 1작은술, 카레 가루 3큰술, 우스터 소스 1큰술,
소금과 후추 약간, 플레인 요거트 1/4컵, 밥 2~3공기

01 단호박은 깨끗이 씻어 1.5cm 크기로 깍둑썰기한다.
   쇠고기는 단호박보다 조금 작게 깍둑썰기한다.

02 토마토는 반 갈라 씨 부분을 제거하고 단호박과 같은 크기로
   썰고, 사과와 양파는 1cm 크기로 깍둑썰기 해준다.

03 냄비에 포도씨 오일을 두르고 다진 마늘과 쇠고기, 양파를 넣고
   달달 볶는다.

04 '03'이 적당이 익으면 단호박과 건포도 넣어 다시 볶다가
   카레 가루와 토마토, 사과, 물을 채소가 잠길 정도로 붓고
   푹 끓인다.

05 '04'가 보글보글 끓으면 우스터 소스와 플레인 요거트를 넣고
   다시 한번 끓어오르면 소금과 후추로 간한 뒤 밥 위에
   가득 얹어낸다.

05 건강 채소 찐빵

당근 1/3개, 애호박 1/4개, 브로콜리 50g, 호두 30g, 밀가루 140g,
계란 3개, 황설탕 3큰술, 베이킹 파우더 1작은술, 포도씨 오일 2큰술, 소금 약간

01 당근과 애호박은 얇게 채 썰어놓고 브로콜리도 작게 썰어
   소금물에 데쳐 물기 빼놓는다. 호두도 다져놓는다.

02 볼에 계란을 넣어 거품기로 저어준다. 거품이 일기 시작하면
   두 번에 나누어 설탕을 넣고 더 연한 크림색이 될 때까지
   거품을 내준다.

03 밀가루는 멍울 없이 체에 내려준 후 베이킹 파우더와 소금을
   함께 넣어 다시 한번 체에 내려준다.

04 '02'에 밀가루 '03'을 넣고 고무 주걱으로 멍울 없이 섞어준다.

05 '04'에 포도씨 오일도 섞고, 채소 '01'과 다진 호두도 넣어
   섞어준다.

06 종이 머핀 틀에 반죽을 컵의 2/3 정도 부어 김 오른 찜통에
   20~25분간 쪄낸다.

0 6 단호박 양갱

단호박 1/2개(중간 크기), 밤 10개, 물 1컵, 우유 1/4컵, 사과 1/2개, 물엿 1큰술,
팥빙수 팥 5큰술, 젤라틴 가루* 1봉지(또는 판젤라틴 2장, 또는 한천 가루 1큰술)

01 단호박과 밤은 푹 삶아 믹서기에 우유, 물, 물엿과 함께 넣어
   곱게 갈아준다.

02 사과는 0.5cm 정도의 주사위 모양으로 자른다.

03 젤라틴 가루에 끓인 물 3큰술을 넣어 불려준 후 '01'에 함께 넣어
   휘핑기로 잘 섞어준다.

04 종이 머핀 틀이나 사각 밀폐 용기에 팥빙수 팥을 나누어붓고
   그 위에 단호박 믹스 액체 '03'을 부어준 후 용기에 랩 씌워
   냉장고에서 한두 시간 정도 굳혀준다.

05 종이 머핀 틀에 그대로 굳힌 것은 접시에 담고,
   사각용기에 굳힌 것은 미지근한 물에 잠깐 넣었다 뺀 후
   뒤집으면 가볍게 단호박 양갱이 나온다. 적당한 크기로 잘라
   접시에 담아내거나, 쿠기 모양 깍지 틀로 찍어내도 좋다.

0 7 견과류 쿠키

버터 150g, 설탕 80g, 계란 1개, 박력분 150g, 베이킹 파우더 2g
견과류 200g(땅콩, 피스타치오, 아몬드, 호두, 헤이즐넛, 건살구, 건크랜베리,
건블루베리 모두 다진 것)

01 버터는 실온에서 30분 이상 두었다가 핸드 믹서를 이용해
   크림 상태로 만든다.

02 '01'에 설탕을 넣고 녹을 때까지 핸드 믹서로 고루 섞는다.

03 '02'에 계란을 넣고 연한 노란색을 띨 때까지 다시 핸드 믹서로
   섞어준다.

04 '03'에 체에 내린 밀가루와 베이킹 파우더를 넣는다.

05 '04'를 주걱으로 힘있게 섞되 버터 거품이 사라질 만큼 세게
   치대지 않는다. 견과류 다진 것을 모두 섞는다.

06 숟가락으로 반죽을 떠 지름 3cm 크기로 철판에 간격을 두고
   얹는다.

07 180℃로 예열된 오븐에 8~12분 정도 굽는다.

● **우스터 소스** 영국의 우스터셔 주가 원산지인 조미액으로 간장 같은 진한 검은색.
  맛도 진해서 소스나 채소 볶음 등 서양에서 감칠맛을 내기 위해 소량씩 쓰인다.
● **젤라틴 가루** 동물의 가죽·힘줄·연골 등을 구성하는 천연 단백질인 콜라겐 가루.
  미지근한 물에 솔솔 뿌려 겔 상태로 만들어 중탕으로 녹여쓴다. 무스 케이크 등에 쓴다.

01 드라이 크랜베리 스콘, 사과잼

02 훈제 연어를 채운 데블스 에그

03 미니 BLT 샌드위치

04 계란 피클 샌드위치

05 미니 새싹 비프 샌드위치

06 치킨 샐러드 샌드위치

07 오이 새우 샌드위치

08 훈제 연어 미니 크루아상 샌드위치

09 단호박 베이컨 샌드위치

10 바나나 컵케이크

01 드라이 크랜베리 스콘 _{15개}

중력분 212g, 베이킹 파우더 10g, 설탕 7g, 소금 3g
버터 65g, 견과류 42g, 우유 90ml, 계란 1/2개

01 버터는 작게 깍둑썰기해 냉장고에 차게 보관한다.

02 밀가루, 베이킹 파우더, 설탕, 소금을 체에 내려둔다.

03 버터를 손으로 문대듯이 '02'의 밀가루 혼합물과 섞는다.

04 우유와 계란을 혼합한 후, '03'에 넣고 대충 섞는다.

05 견과류(드라이 크랜베리)를 넣고 살짝 더 섞어준다.

05 약 2cm 두께로 밀어 자른다.
205℃ 오븐에서 갈색이 날 때까지 구워내 식힌다.

사과잼

껍질 벗긴 사과 700g, 황설탕 90g, 레몬즙 10ml

01 사과는 300g을 믹서에 간다. 레몬즙을 섞어 갈변을 막는다.

02 400g의 사과는 얇게 저며, 잘게 다진다. '01'의 사과 퓨레와 섞는다.

03 바닥이 두툼한 소스 팬에 사과와 황설탕을 넣고 은근히 끓인다.
사과가 투명하게 바뀌면 믹서에 곱게 간다.
취향에 따라 덩어리가 좋은 사람은 갈지 않고 먹는다.

02 훈제 연어를 채운 데블스 에그* 24조각

**큰 계란 12개, 사워 크림 1/2컵, 훈제 연어 7~8mm 깍둑썰기 1/2컵
다진 차이브 2큰술, 소금 3/4작은술, 흑후추**

01 냄비에 찬물, 계란을 넣고 불을 켠다. 노른자가 가운데에 자리잡도록 젓가락으로 저어준다.

02 끓기 시작하면 뚜껑을 닫고 불에서 내린 후 18분간 둔다.

03 뜨거운 물을 따라버리고, 흐르는 찬물로 식힌다. 껍질을 벗긴다.

04 계란을 반으로 깨끗하게 자른 후, 노른자를 꺼내 체에 곱게 내린다.

05 볼에 사워 크림, 소금, 연어, 차이브를 넣어 가볍게 잘 섞고 그 위에 후추를 갈아 뿌린다.

06 계란에 '05'의 혼합물을 채워넣고, 차이브로 장식해낸다.

● **데블스 에그** 계란을 완숙하고 반으로 갈라, 속의 노른자를 꺼내 다른 재료들과 양념하여 흰자의 홈에 다시 채워넣는 요리.

03 미니 BLT 샌드위치 4개

미니 식빵 8장, 베이컨 4장, 토마토 슬라이스 4장, 로메인* 4장, 홀스래디시 마요네즈 4큰술, 씨겨자 2큰술

01 베이컨은 프라이팬에 구워 기름기를 제거한다. 로메인은 깨끗이 씻어 물기를 제거한다.

02 식빵 한 면에 홀스래디시 마요네즈를 바른 후, 로메인, 토마토, 베이컨 순으로 얹는다.

03 다른 식빵 안쪽에 씨겨자를 펴바른 후 위에 얹는다.

04 계란 피클 샌드위치 12개

계란 완숙 6개, 식빵 6장, 다진 피클 1/4컵, 다진 양파 2큰술, 마요네즈 3큰술, 디종 머스터드 1큰술, 다진 파슬리 1작은술, 소금, 후추

01 계란 완숙 껍질을 벗기고, 칼로 대충 다진다. 볼에 다진 피클, 양파, 마요네즈, 디종 머스터드, 파슬리를 넣고 버무린다.
소금, 후추로 간을 맞춘다.

02 샌드위치 한 장을 깔고 위에 계란 샐러드를 올리고 다른 한 장으로 덮고 4등분한다.

05 미니 새싹 비프 샌드위치 4개

**미니 식빵 8장, 구이용 쇠고기 4장, 새싹 채소 1/4컵, 양파 1/2개, 올리브 오일 1큰술, 드라이 오레가노 1/2작은술,
파프리카 약간, 발사믹 식초 1큰술, 선 드라이 토마토 스프레드, 소금, 후추**

01 쇠고기를 볼에 넣고 드라이 오레가노, 파프리카, 소금, 후추, 올리브 오일을 넣고 재워둔다. 프라이팬을 달궈 재빨리 굽는다.

02 양파는 얇게 저며 팬에 양면을 각 2분 정도 굽는다. 발사믹 식초를 넣고 1분간 더 구워낸다. 소금, 후추를 뿌린다.

03 식빵에 홀스래디시 마요네즈를 바르고, 새싹 채소, 양파, 쇠고기를 얹는다. 다른 식빵에 선 드라이 토마토* 스프레드를 발라 덮는다.

06 치킨 샐러드 샌드위치 12개

**식빵 6장, 로메인 3장, 닭 가슴살 2장, 올리브 오일 1큰술, 다진 양파 1/2컵, 다진 셀러리 1/4컵,
마요네즈 1/4컵, 디종 머스터드 1큰술, 씨겨자 2큰술, 레몬즙 1큰술, 다진 파슬리 1작은술, 소금, 후추**

01 닭 가슴살에 소금, 후추, 올리브 오일을 잘 발라 175°C 오븐에 넣고 약 20분간 완전히 굽는다. 식혀서 주사위 모양으로 작게 썬다.

02 프라이팬에 소량의 식용유를 두르고 양파와 셀러리를 각각 볶아 식힌다. 이때 소금, 후추로 살짝 간을 한다.

03 볼에 식혀 썬 닭 가슴살, 양파, 셀러리, 마요네즈, 디종 머스터드, 레몬즙, 파슬리를 넣고 버무린다.
소금, 후추로 간을 맞춰 치킨 샐러드를 완성한다.

04 식빵을 깔고 씨겨자를 살짝 펴바른다. '03'의 치킨 샐러드를 올리고 로메인 1장을 올린 후 다른 한 장의 식빵을 덮는다.
먹기 좋은 크기로 4등분한다.

● **로메인** 수경 채소의 일종으로, 상추와 비슷하지만 좀 더 길쭉하고 빳빳하다. 시저 샐러드의 주재료.
● **선 드라이 토마토** 토마토를 햇볕이나 오븐에 말려 올리브 오일에 재워놓은 것.

스프레드 레시피는 259쪽

07 오이 새우 샌드위치 12개

식빵 6장, 새우 12마리, 오이 슬라이스 12장, 고추냉이 마요네즈 4큰술, 디종 머스터드 2큰술, 소금, 후추

01 새우는 껍질째 소금물에 데쳐 식혀 껍질을 벗긴다. 반으로 갈라 내장 등을 제거해놓는다.

02 오이는 필러로 길쭉하고 얇게 저민다.

03 식빵에 고추냉이 마요네즈를 바른다. 오이를 깔고 새우를 올린다. 소금, 후추를 살짝 뿌린다.

04 다른 식빵에 디종 머스터드를 살짝 발라 위에 얹고 4등분한다.

08 훈제 연어 미니 크루아상 샌드위치 4개

미니 크루아상 4개, 훈제 연어 4장, 양상추 4장, 양파 1/8개, 허니 디종 머스터드 6큰술, 씨겨자 1큰술, 케이퍼 베리* 8개

01 크루아상은 길게 반으로 자르되 한쪽 끝부분은 남겨둔 채 자른다.

02 양상추는 씻어 물기를 제거한다. 양파는 채 썰어 찬물에 30분 정도 담갔다가 물기를 제거한다.
   케이퍼 베리는 얇게 저민다.

03 크루아상 안쪽에 씨겨자를 살짝 펴바른다. 양상추를 넣고, 훈제 연어를 끼운다.
   채 썬 양파와 케이퍼 베리를 넣고 허니 디종 머스터드를 위에 흘려준다.

09 단호박 베이컨 샌드위치 12개

식빵 6장, 단호박 500g, 베이컨 5장, 다진 양파 1/4컵, 마요네즈 1/4컵, 레드 와인 식초 1큰술, 씨겨자 3큰술, 다진 파슬리 1큰술, 소금, 후추

01 단호박은 껍질을 벗겨 동일한 크기로 자른 후, 소금물에 삶아낸다. 포크로 재빨리 으깬다.

02 으깬 단호박이 뜨거울 때 다진 양파를 넣고 잘 섞어둔다.

03 베이컨은 프라이팬에 바삭하게 구워 기름기를 제거한 후 5mm 두께로 잘라놓는다.

04 볼에 단호박, 베이컨, 마요네즈, 레드 와인, 씨겨자, 파슬리를 넣고 버무린다. 소금, 후추로 간을 맞춘다.

05 식빵을 깔고 '04'의 단호박 혼합물을 펴바른다. 다른 한 장을 덮고 먹기 좋은 크기로 4등분한다.

파인애플 머스터드 스프레드
파인애플 허니 디종 머스터드(파인애플 슬라이스 1장, 레몬즙 1큰술, 꿀 1큰술, 디종 머스터드 1/8컵)

홀스래디시 마요네즈 스프레드
홀스래디시 마요네즈(마요네즈 1/2컵, 홀스래디시 3큰술, 레몬 즙 1작은술)

선 드라이 토마토 스프레드
선 드라이 토마토 1/4컵, 마늘 2쪽, 올리브 오일 2큰술, 토마토 페이스트 1큰술, 레몬즙 1큰술,
다진 이탈리안 파슬리 1큰술, 설탕 1큰술, 소금, 후추

고추냉이 마요네즈 스프레드
고추냉이 마요네즈(마요네즈 1/8컵, 고추냉이 1큰술, 레몬즙 1작은술)

● **케이퍼 베리** 지중해 지역의 요리에서 자주 보이는 초절임으로 서양 풍조목의 열매로 만들었다.

10 바나나 컵케이크 _{12개}

**박력분 150g, 버터 75g, 계란 3개, 베이킹 파우더 1+1/2작은술, 흑설탕 75g,
으깬 바나나 1개, 동그랗게 썬 바나나 12장**

레몬 크림 치즈 아이싱 **크림 치즈 200g, 레몬 주스 2작은술, 가루설탕 75g**

01 12개짜리 머핀 틀에 머핀 컵을 끼운다. 오븐을 180℃로 예열한다.

02 베이킹 파우더와 밀가루를 섞는다.

03 상온에 두어 부드러워진 버터와 설탕을 넣고 핸드 블렌더로 돌린다.

04 설탕이 버터와 혼합되면서 색이 연하게 되고 부피가 증가되면 계란을 하나씩 넣고 섞는다.

05 바나나 껍질을 벗기고 볼에 넣어 포크로 으깬다.

06 컵케이크 위에 얹을 바나나도 얇게 저며놓는다.

07 으깬 바나나를 '04'에 넣고 섞는다.

08 체에 내린 베이킹 파우더와 박력분 혼합물을 넣고 살살 섞는다.

09 반죽을 짤주머니에 담는다.

10 머핀 컵에 반죽을 담는다. 약 2/3만 채운다.

11 위에 잘라둔 바나나를 올리고 180℃ 오븐에 20~25분간 굽는다.

12 상온에 두어 부드러워진 크림 치즈와 레몬 주스를 볼에 담아 핸드 믹서로 돌린다.

13 가루설탕을 넣고 날리지 않게 살살 섞은 후 핸드 믹서로 곱게 섞는다.

14 식힘망에서 식은 컵케이크 위에 레몬 크림 치즈 아이싱을 올리고 과일 등으로 장식한다.

finger food

01 버섯 토마토 살사 타르트

02 파인애플 브리 치즈 카나페

03 새우 토마토 피클 크로스티니

04 아스파라거스 말이 쇠고기 꼬치

05 치킨 파인애플 꼬치와 새우 브로콜리 꼬치

06 두 가지 참치 타르타르(오이컵, 호밀 식빵 토스트)

07 감자 팬케이크 훈제 연어 카나페

08 토스트한 브레드 컵에 담은 치킨 케이퍼 샐러드

09 오이 래디시 샐러드를 얹은 겉면을 구운 참치 카나페

01	02
03	04

카나페* 베이스

01 토르티야, 바게트, 식빵

02 영국식 식빵, 토스트한 미니 바게트, 토스트한 호밀 식빵

03 파이 반죽, 파이 타르트*, 타르트 반죽

04 감자 팬케이크, 오이 컵, 익힌 알감자 컵, 구운 고구마 컵, 방울토마토 컵

● **카나페** 빵 위에 갖가지 음식을 얹어 완성하는 요리로 손으로 집어먹기 편하다.
● **타르트** 파이의 일종, 밀가루와 버터가 주재료로 반죽을 밀어 파이틀에 넣어 구운 것.

01 버섯 토마토 살사 타르트

미니 새송이버섯 볶음 미니 새송이버섯 1/4컵, 다진 양파 1큰술, 올리브 오일, 소금, 후추

토마토 살사 토마토 깍둑썰기(8mm) 2개, 양파 깍둑썰기(4mm) 1/8개
피망 깍둑썰기(4mm) 1/8개, 다진 마늘 1작은술, 대충 썬 고수 잎과 줄기 2큰술, 생 오레가노˚ 1/2 작은술,
레몬즙 15ml, 다진 청양고추 1개, 올리브 오일 10ml, 소금, 후추, 새싹 채소 1/8컵

우유, 계란 파이 반죽 박력분 250g(모양 만들 때 약간 더 필요함), 설탕 5g, 계란 노른자 1개,
소금 약간, 우유 60g, 버터 130g(가염 버터인 경우, 소금을 넣지 않아도 됨),
콩 1/2컵(구울 때 파이 반죽이 제멋대로 부푸는 것을 방지)

01 버터는 차게 해서, 잘게 썰어놓는다.

02 볼에 밀가루, 설탕, 소금을 넣고 잘 섞는다.
　　버터를 넣고 손으로 더 잘게 뭉개는 기분으로 밀가루와 잘 섞는다.

03 널찍하고 평평한 곳(식탁 위)에 '02'의 혼합물을 붓고, 오른손바닥을 이용해 바닥에 밀듯이 치대준다.
　　너무 오래 반죽하지 않는다. 버터가 녹지 않도록 주의한다.

04 잘 혼합됐다면, 계란을 넣고 잘 푼 우유를 넣고 반죽한다. 너무 오래 반죽하면 글루틴이 형성되므로 질겨진다.

05 도톰한 원반형으로 모양을 만들어 랩으로 싼 후, 냉장고에 적어도 30분 이상 숙성시킨다.

06 평평한 곳에 소량의 밀가루를 뿌린 후, 반죽을 7mm 두께로 밀어 작은 파이 틀에 모양 잡는다.
　　냉동실에 넣어 얼린다. 쿠킹 호일로 반죽을 덮고, 콩을 넣어 220℃ 오븐에서 10분 정도 굽는다.

■ 파이컵에 새송이버섯 볶음과 방울토마토 살사를 얹는다.

● **생 오레가노** 허브류로 박하향이 특징, 대충 썰어 토마토 소스 등에 넣어먹는다.

02 파인애플 브리 치즈 카나페 12개

식빵 3장, 브리 치즈 1통(12조각으로 나눔), 파인애플 12조각, 다진 피스타치오 3큰술

01 식빵은 둥근 쿠키 커터기로 자른다.

02 부채꼴 모양으로 썬 파인애플을 빵 위에 얹고, 브리 치즈 1장을 올린다.
   다진 피스타치오를 뿌린다.

03 새우 토마토 피클 크로스티니* 12개

호밀 바게트 12장, 새우 12마리, 다진 양파 1큰술, 올리브 오일 2큰술, 방울토마토 피클
홀스래디시* 마요네즈(마요네즈 1/2컵, 홀스래디시 3큰술, 레몬즙 1작은술), 새싹 채소, 소금, 후추

방울토마토 피클 방울토마토 10개, 다진 양파 1큰술, 올리브 오일 1큰술,
레드 와인 식초 1큰술, 다진 파슬리 1작은술, 소금, 후추

01 방울토마토는 꼭지를 떼어 반으로 잘라, 다진 양파, 올리브 오일,
   와인 식초, 파슬리, 소금, 후추로 간을 맞춘다.

02 얇게 썬 바게트에 소금, 후추, 올리브 오일 소량을 잘 발라
   175°C 오븐에서 9분 정도 바삭하게 굽는다.

03 새우는 머리, 껍질을 다 벗겨 다진 양파, 소금, 후추, 올리브 오일로 버무려 프라이팬에 굽는다.

04 바게트를 깔고, 홀스래디시 마요네즈를 바른 후 새우와 방울토마토 피클을 올린다.
   새싹 채소를 올린 후 맨 위에 소금, 후추를 살짝 뿌려낸다.

04 아스파라거스 말이 쇠고기 꼬치 12개

얇게 포를 뜬 구이용 쇠고기 12장, 아스파라거스 6줄기, 반원 모양으로 썬 당근 12장,
올리브 오일 1큰술, 소금, 후추, 양파즙 1큰술, 발사믹 식초 1큰술

01 아스파라거스는 질긴 부분을 필러로 벗기고, 5cm 길이로 자른다. 소금물에 살짝 데쳐낸다.

02 구이용 쇠고기를 볼에 넣고 올리브 오일, 소금, 후추, 양파즙,
   발사믹 식초를 넣고 조물조물 한다.

03 도마에 쇠고기를 올리고 아스파라거스를 올린 후 돌돌 만다.
   꼬치에 끼우고 끝에 당근을 끼운 다음 프라이팬에 구워낸다.

05 치킨 파인애플 꼬치와 새우 브로콜리 꼬치 12개

치킨 파인애플 꼬치 닭 가슴살 1장, 다진 양파 1큰술, 소금, 후추,
올리브 오일 1큰술, 파인애플 12장, 프로슈토 12장

01 닭 가슴살을 12조각을 낸 후, 다진 양파, 소금, 후추, 올리브 오일에 버무린 후
175℃ 오븐에 10분간 구워낸다.

02 프로슈토를 돌돌 말아 꼬치에 끼우고, 닭 가슴살, 파인애플도 차례로 끼운다.

새우 브로콜리 꼬치 새우 12마리, 다진 양파 1큰술, 소금, 후추, 올리브 오일 1큰술, 데친 브로콜리 12개

01 새우는 머리, 껍질을 다 벗겨 다진 양파, 소금, 후추, 올리브 오일로 버무린다.
데친 브로콜리와 꼬치에 끼워 프라이팬에 굽는다.

06 두 가지 참치 타르타르*(오이 컵, 호밀 식빵 토스트)

오이 컵 12개, 횟감 냉동 참치 1줄, 다진 양파 2큰술,
다진 케이퍼 3큰술, 올리브 오일 2큰술, 레몬 1/2조각, 소금, 후추

01 오이 컵은 약 4cm 길이로 자른 후, 멜론 볼러로 안쪽의 씨 부분을 도려낸다.

02 횟감 냉동 참치는 완전히 해동이 되기 이전 칼로 5mm 주사위 모양으로 자른다.
볼에 담고 다진 양파, 케이퍼, 올리브 오일, 소금, 후추로 간을 맞춰 버무려 차게 보관한다.

03 먹기 직전 오이 컵에 소금, 후추, 레몬즙을 몇 방울 떨어뜨린 후,
'02'의 참치 타르타르를 채워낸다.

04 호밀 식빵을 토스트한 것 위에 참치 타르타르를 얹어먹어도 맛있다.
호밀 식빵에 소금, 후추, 올리브 오일을 살짝 발라 175℃ 오븐에 8분 정도 바삭하게 굽는다.

● **브리 치즈** 프랑스의 연질 치즈로 프랑스 파리 근교의 브리 지방에서 생산되며, 지명에서 치즈 이름이 유래되었다. 젖산균으로 숙성시키며, 지방 함유율은 45%이다.
속은 말랑하고 부드럽고 크림색이고 새하얀 외피에 둘러 쌓여 있고 대개 원형이다. 외피는 먹어도 된다.
● **크로스티니** 이탈리아 말로 토스트한 작은 빵. 보통 카나페 형태처럼 작은 빵 위에 요리를 올려놓은 것을 말한다.
● **홀스래디시 마요네즈** 서양식 고추냉이인 간 홀스래디시를 넣은 마요네즈.
● **타르타르** 서양식 육회로 비프 타르타르는 신선한 쇠고기를 다져서 양파, 케이퍼, 소금, 후추, 올리브 오일 등으로 무친 요리.
참치 타르타르는 사시미 품질의 참치를 다져서 케이퍼, 양파, 소금, 후추, 올리브 오일로 버무린 요리.

07 감자 팬케이크 훈제 연어 카나페 12개

**훈제 연어 12장, 사워 크림 1/8컵, 파인애플 허니 디종 머스터드(파인애플 1장, 레몬즙 1큰술, 꿀 1큰술, 디종 머스터드 1/8컵),
감자 2개, 양파 1/2개, 계란 1/2개, 소금, 후추**

01 감자와 양파는 강판에 간다. 이때 결이 보일 정도로 큰 사이즈의 강판이어야 한다. 너무 고우면 팬케이크로 모양 잡아 굽기 힘들다.

02 전분기를 꼭 짠다. 계란, 소금, 후추로 간을 맞춰 손으로 버무린다.
   손바닥 사이에 감자 혼합물을 넣고 햄버거 패티 만드는 것처럼 모양을 잡는다.

03 코팅 팬에 식용유를 넉넉하게 두르고 구워낸다. 불이 너무 세지 않게 조절한다.

04 믹서에 파인애플, 꿀, 레몬즙, 머스터드를 넣고 곱게 간다.

05 구운 감자 팬케이크 위에 파인애플 허니 디종 머스터드를 살짝 바른 후, 훈제 연어를 자연스럽게 접고,
   사워 크림을 1작은술 정도 올린다. 민트로 위를 장식한다.

08 토스트한 브레드 컵에 담은 치킨 케이퍼 샐러드 12개

브레드 컵 12개, 씨겨자 3큰술, 닭 가슴살 1장, 다진 셀러리 1/8컵, 케이퍼 3큰술, 레몬즙 1큰술,
올리브 오일 2큰술, 소금, 후추, 다진 파슬리 1작은술

01 브레드 컵은 식빵을 통째로 구입해 5cm 두께의 주사위 모양으로 자른다.
   윗면을 파낸다. 소금, 후추, 올리브 오일을 살짝 발라 175℃ 오븐에서 12분 정도 굽는다.

02 닭 가슴살에 올리브 오일, 소금, 후추를 발라 175℃ 오븐에서 약 20분간 속까지 완전히 익힌다.
   식혀서 5mm 주사위 모양으로 자른다.

03 볼에 닭 가슴살, 셀러리, 케이퍼, 레몬즙, 올리브 오일, 소금, 후추, 파슬리를 넣고 슥슥 버무린다.

04 브레드 컵 안쪽에 씨겨자를 조금씩 떨어뜨린 후, '03'의 버무린 치킨 샐러드를 담아낸다.

09 오이 래디시* 샐러드를 얹은 겉면을 구운 참치 카나페 12개

냉동 참치 1/2줄, 호밀 식빵 4장, 고추냉이 마요네즈(마요네즈 1/8컵, 고추냉이 1큰술, 레몬즙 1작은술), 올리브 오일 1큰술, 소금, 후추,
오이 1/2개, 래디시 3개, 발사믹 드레싱(발사믹 식초 2큰술, 올리브 오일 2큰술, 다진 양파 1작은술, 디종 머스터드 1/2작은술, 소금, 후추)

01 참치 겉면에 소금, 후추, 올리브 오일을 발라 뜨거운 프라이팬에 겉면만 돌려가면서 재빨리 굽는다.
   얇게 저민다.

02 호밀 식빵은 길쭉한 쿠키 커터기로 잘라 소금, 후추, 올리브 오일을 살짝 발라 175℃ 오븐에 8분 정도 굽는다.

03 고추냉이 마요네즈의 재료를 잘 섞는다.

04 오이는 반으로 잘라 가운데 씨 부분을 제거한다. 래디시는 얇게 저민다.

05 볼에 오이, 래디시를 넣고 발사믹 드레싱을 넣어 버무린다.

06 호밀 식빵 위에 고추냉이 마요네즈를 바른 후, 참치를 올린다. 위에 오이와 래디시를 얹는다.

● **래디시** 겉이 빨간 미니 무

cocktails

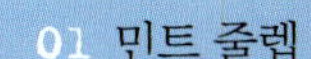

01 민트 줄렙

02 블랙 벨벳

03 상그리아

04 파인애플 테킬라 다이커리

05 시브리즈

06 모히토

07 마드라스

08 벨리니

09 미모사

01 민트 줄렙

심플 시럽* 1큰술, 민트 잎과 줄기 5개,
버번 50ml, 탄산수, 얼음,
앙고스투라 비터즈* 1/4작은술
(씁쓸한 맛의 리큐어*, 없으면 생략)

잔에 버번과 민트를 넣고 나무 젓개로
저은 후, 심플 시럽과 앙고스투라
비터즈를 넣고 얼음을 채운 뒤
탄산수로 잔을 채운다. 탄산수는
잔의 크기에 따라 가감한다.

02 블랙 벨벳

기네스 맥주 70ml, 샴페인 70ml

샴페인 잔에 기네스 맥주를
절반 정도 따른 후,
샴페인은 넘치지 않게
두 번에 나누어 따른다.

03 상그리아

드라이 레드 와인 2+1/2컵, 오렌지 주스 3/4컵,
심플 시럽 1/4컵, 꼬냑 2큰술(없으면 생략 가능),
탄산수 3/4컵, 사과 1/2개, 오렌지 1개,
라임(또는 레몬) 1/2개, 얼음

사과, 오렌지, 라임 또는 레몬은 깨끗이
씻어 물기를 제거한 후, 껍질째 얇게 저민다.
레드 와인에 몇 시간 재워놓으면 와인에
과일 향이 잘 밴다. 피쳐에 와인과 과일을 담고,
얼음과 탄산수를 붓고 저어 따라마신다.

04 파인애플 테킬라 다이커리

파인애플 100g, 테킬라 50ml,
심플 시럽* 30ml, 얼음 5~7조각

잔에 버번과 민트를 넣고 나무 젓개로
저은 후, 심플 시럽과 앙고스투라
비터즈를 넣고 얼음을 채운 뒤 탄산수로
잔을 채운다. 탄산수는 잔의 크기에
따라 가감한다.

05 시브리즈

보드카 50ml, 크랜베리 주스 80ml,
자몽 주스 80ml (크기에 따라)

글래스에 얼음을 채우고,
보드카를 넣은 후 주스를 붓는다.

06 모히토

럼 50ml, 라임 1/4조각, 각설탕 1개,
얼음, 탄산수(필요한 만큼), 민트 4줄기(줄기째)

바닥이 두툼한 잔에 각설탕과 라임, 민트를
넣고 끝이 뭉툭한 나무 젓개로 찧는다.
라임즙이 나오면서 각설탕을 녹이고 민트 잎이
짓이겨지면서 아로마가 나온다. 럼을 붓고,
얼음으로 잔을 채운 뒤 탄산수를 따라준다.

07 마드라스

보드카 50ml, 크랜베리 주스 80ml,
오렌지 주스 80ml

글래스에 얼음을 채우고,
보드카를 넣은 후 주스를 넣는다.

08 벨리니

복숭아 퓨레 30ml,
샴페인 130ml (잔 크기에 따라)

복숭아 퓨레를 샴페인 잔에 담고
샴페인은 넘치지 않게
두 번에 나누어 따른다.

09 미모사

오렌지 주스 30ml,
샴페인 130ml (잔 크기에 따라)

오렌지 주스를 담고, 샴페인은
넘치지 않게 두 번에 나누어 따른다.

- **심플 시럽** 설탕과 물의 부피를 동일하게 소스 팟에 넣고 한소끔 끓여 식힌 것으로, 아이스 커피에 타서 먹는다.
- **앙고스투라 비터즈** 칵테일의 재료로 쓴맛이 강해서, 서양 민간요법으로 속병이 났을 때 마시기도 한다.
- **리큐어** 알코올에 설탕과 식물성 향료 따위를 섞어서 만든 증류수로 향긋하고 달콤하다

healthy drinks

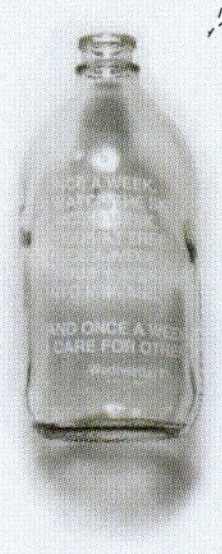

C'EST TRÈS BON
SERVEZ-VOUS
MERCI INFINIMENT
NOUS ALLONS BOIRE
À VOTRE SANTÉ
TCHIN TCHIN
A NOTRE AMITIÉ
TOUT SE
PASSE BIEN?
JE SOUHAITE
QUE TOUT SE
PASSE BIEN
CONFORMÉMENT
A VOS DÉSIRS

01 초코 바나나 스무디

02 건살구 스무디

03 딸기 바나나 스무디

04 키위 배 주스

05 오렌지 키위 주스

06 파인애플 양상추 주스

07 사과 셀러리 주스

01 초코 바나나 스무디 1인

작은 바나나 1개, 코코아 파우더 1큰술,
저지방 우유 2/3컵,
사과 주스 1/4컵, 바닐라 아이스크림 1/2스쿱

02 건살구 스무디 1인

건살구 8개, 사과 주스 3/4컵,
플레인 요거트 1/2컵, 얼음 6~7조각

03 딸기 바나나 스무디 1인

딸기 5개, 바나나 1개, 얼음 5조각,
레몬즙 약간

04 키위 배 주스 1인

배 1/2개, 키위 3개, 레몬 1/2개, 얼음 2조각

05 오렌지 키위 주스 1인

물 3/4컵,
껍질과 흰 부분 제거한 오렌지 2개,
꼭지 뗀 딸기 1+1/3컵, 껍질 벗긴 키위 1개

06 파인애플 양상추 주스 1인

파인애플 1조각, 양상추 1/2개,
얼음 7조각, 민트 잎 몇 장

셀러리 1줄기, 토마토 1개, 사과 1개, 얼음 5조각, 레몬즙 약간

가쓰오부시 말린 가다랑어를 대패로 민 것처럼 얇게 저며놓은 것, 일본 음식의 우동 국물, 육수 등을 내는 데 사용.

감자 토네 tournee 프랑스 나이프 스킬로, 감자를 럭비공모양으로 자르는 기법. 전통 프랑스 요리에서 생선이나 고기요리에 자주 곁들였다.

과채류 수박, 오이, 가지, 참외, 토마토, 호박 등 열매를 식용으로 하는 채소.

그라탱 gratinee 오븐에 넣어 굽는 두툼한 접시에 음식을 담아 위에 치즈나 브레드 크림 등을 올려 노릇하게 구워 먹는 요리.

그뤼에르 치즈 gruyere cheese 스위스의 경질(딱딱한) 치즈로 현재는 프랑스에서도 생산된다. 소젖으로 만드는 치즈. 황금색의 껍질(rind)에 안쪽은 좀 더 연한 크림으로 노란빛을 띤다. 짭짤하면서 맛과 향이 강하다. 살짝 시큼한 맛이 나는데, 익히면 단맛이 생긴다.

나베 일본의 냄비요리 또는 전골요리를 말한다. 다양한 재료를 한 냄비에 끓여 여러 사람이 같이 먹는 음식이다. 따뜻한 국물이 있어 겨울철에 즐겨먹는 요리이다.

나폴레옹 napoleon 제과에서 직사각형의 파이 층 사이에 크림을 넣어 켜켜이 쌓은 프랑스식 과자를 일컫는 용어인데, 현대에 확장된 의미로, 뭔가 쌓아서 만든 제과나 요리 쪽에도 흔히 쓰이고 있다.

뇨키 gnocchi 감자를 쪄 으깬 후 밀가루와 계란을 넣어 반죽한 이탈리아 음식. 전통적으로는 브라운 버터에 버무려 먹었다.

냉암소 열과 빛을 동시에 차단할 수 있는 장소.

두족류 오징어, 낙지 문어 등 연체 동물의 한 갈래로 머리와 다리가 붙어 있는 것들을 말함.

드라이 오레가노 dry oregano 허브류인 오레가노를 말린 것으로 시판되며, 토마토 소스와 잘 어울린다.

디종 머스터드 Dijon mustard 머스터드 중 프랑스 디종 지역의 특산물 중 유명한 브랜드.

데블스 에그 devil's egg 계란을 완숙하고 반으로 갈라, 속의 노른자를 꺼내 다른 재료들과 양념하여 흰자의 홈에 다시 채워 넣는 요리.

ㄹ

라타투이 ratatouille 프랑스의 프로방스 지방에서 즐겨먹는 전통적인 채소 스튜로 채소를 큼직하게 썰어 올리브 오일에 볶다가 토마토 페이스트를 넣고 육수를 넣어 자작자작 끓여 먹는 요리.

로메인 romaine 수경 채소의 일종으로, 상추와 비슷하지만 좀 더 길쭉하고 빳빳하다. 시저샐러드의 주재료.

루콜라 rucola 식용 채소의 한 종류로 열무의 잎처럼 살짝 매콤한 알싸한 맛.

리큐어 liqueur 알코올에 설탕과 식물성 향료 따위를 섞어서 만든 증류수로 향긋하고 달콤하다.

링귀니 linguini 파스타의 일종으로 납작한 모양으로 조개를 넣은 봉골레 파스타에 쓰이는 면발로 칼국수 면발과 닮았다. 일반적으로 흔히 먹는 파스타 종류가 원통형의 길죽한 스파게티 면이다.

래디시 radish 겉이 빨간 미니 무

레드 와인 식초 red wine vinegar 레드 와인으로 만든 식초로 향긋하고 신 맛이 덜한 부드러운 식초.

레드 커리 페이스트 타이식 커리의 재료. 인도식 커리는 식물의 뿌리를 갈아서 만드는데 비해 타이식 커리는 타이의 생고추를 마늘 등과 빻아서 만든다. 레드 커리 페이스트는 붉은 고추로 만든 커리이다. 코코넛 우유를 넣어 매운 맛을 감소시킨다.

레몬그라스 타이 음식에 많이 쓰이는 식재료로 레몬향이 나는 식물의 줄기부분이다.

레몬 타임 lemon thyme 허브류인 타임의 한 종류로 상큼한 레몬향이 난다. 향이 강해서 장기간 보관해도 되고, 고기를 굽거나 스톡(육수), 수프, 소스 등을 만들 때 향긋함을 주기 위해 사용한다.

ㅁ

모차렐라 치즈 mozzarella cheese 소젖으로 만드는 숙성시키지 않는 치즈, 특별히 강한 맛이 없으나 우유의 고소함이 살아 있다. 열을 가하면 쭉쭉 늘어나는 성질로 피자 위의 토핑으로 많이 쓰인다.

민트 줄렙 mint julep 칵테일의 종류, 민트, 버번, 앙고스투라 비터즈 등을 넣어 시원하게 마신다.

메이플 시럽 maple syrup 단풍나무 액, 황금 브라운 컬러의 시럽으로 팬케이크 등 달콤한 요리와 어울린다.

ㅂ

바닐라 에센스 vanilla essence 바닐라 빈을 그늘에 말린 후 알코올로 바닐라 향을 추출한 것으로 케이크, 아이스크림 등의 디저트에 다양하게 쓰인다.

바지락 스톡 서양요리에서 쓰이는 여러 가지 다양한 육수 종류 중, 바지락을 양파, 마늘, 화이트 와인과 함께 우려낸 국물.

바질 basil 허브의 한 종류로 이탈리아 요리에 많이 쓰인다. 토마토 소스 파스타 등에 많이 쓰이는 허브.

발사믹 식초 balsamic vinegar 레드 와인 식초를 오크통에서 장기간 숙성시켜 만든 식초로 맛이 강하고 검은색이다.

브리 치즈 brie cheese 프랑스의 연질 치즈로 프랑스 파리 근교의 브리 지방에서 생산되며, 지명에서 치즈 이름이 유래되었다. 젖산균으로 숙성시키며, 지방 함유율은 45%이다. 속은 말랑하고 부드럽고 크림색이고 새하얀 외피에 둘러싸여 있고 대개 원형이다. 외피는 먹어도 된다.

브레드 크럼 bread crumb 빵을 갈아서 녹인 버터와 섞어놓은 것으로 서양요리에서 생선이나 고기 요리를 할 때 오븐에 넣기 전 브레드 크럼을 얹고 구우면 버터가 흘러내려 요리의 맛을 더하고 빵은 바삭하게 구워져 입맛을 돋군다.

사워 크림 sour cream 유제품으로 플레인 요거트처럼 보이는 새콤한 맛의 소스. 멕시코 인들이 고기와 함께 잘 먹는다.

살사 salsa 멕시코 음식으로, 신선한 채소를 시트러스즙(레몬, 라임 등), 할라피뇨, 양파 등에 버무린 요리로 토마토 살사가 유명하다.

샬롯 shallot 작은 양파 모양으로 껍질을 벗기면 연한 보랏빛이다. 양파보다 부드러운 맛으로 마늘의 감칠맛까지 있다.

소프리토 sofrito 스페인의 토마토 소스로, 올리브 오일에 양파를 거의 튀기듯이 카라멜화해 생 토마토를 갈아 넣어 만든 소스.

소스 팬 소스를 만들 때 쓰는 팬으로 손잡이가 있고 바닥이 두툼한 것이 좋다.

수경 채소 토양 없이 물과 비료만으로 재배하는 청정 채소로 상추, 로메인, 적치커리, 오클리 등 다양하고 쌈 재료나 샐러드로 먹는다.

스톡 stock 육류, 가금류, 생선의 뼈를 찬물을 넣고 장시간 국물을 우려낸 육수. 보통 끝내기 1시간 전에 양파, 당근, 셀러리를 넣어 끓여 체에 맑은 국물만 걸러낸다.

시라 와인 소스 shira wine sauce 레드 와인 소스 중, 시라 와인(와인의 품종 중 하나인 시라 포도로 만든 레드 와인)으로 만든 리덕션 소스(조려서 만드는 소스)

심플 시럽 simple syrup 설탕과 물의 부피를 동일하게 소스 팬에 넣고 한소끔 끓여 식힌 것으로, 아이스커피에 타서 먹는다.

생 오레가노 fresh oregano 허브류로 박하향이 특징, 대충 썰어 토마토 소스 등에 넣어 먹는다.

세비체 ceviche 라틴 아메리카 요리로 날 생선을 시트러스즙의 산성 성분을 이용해 열을 가하지 않고 요리하는 방식. 시트러스즙 외에 양파와 올리브 오일 등으로 버무린다.

아로마 aroma 향기

알단테 al dente 채소나 파스타류의 맛을 볼 때 이로 끊어보아서 너무 부드럽지도 않고 과다하게 조리되어 물컹거리지도 않아 약간의 저항력을 가지고 있어 씹는 촉감이 느껴지는 것

앙고스투라 비터즈 angostura bitters 칵테일의 재료로 쓴맛이 강해서, 서양 민간요법으로 속병이 났을 때 마시기도 한다.

오코노미야키 일본의 대중음식으로 우리의 전과 비슷한 것으로 밀가루를 가쓰오부시 우린 물에 산마를 갈은 것과 같이 개어 고기, 채소를 넣고 지져내는 요리.

오믈렛 omelet 계란 요리, 잘 푼 계란을 코팅 팬에 저어가면서 살짝 응고시켜 채소, 햄 등을 넣어 럭비공 모양으로 만든 요리.

오븐 팬 음식을 오븐에 넣고 구울 때 사용하는 조리용 팬으로 보통 알루미늄, 스테인리스, 코팅 재질이 있다.

우스터 소스 worcestershier sauce 영국의 우스터셔 주가 원산지인 조미액으로 간장같은 진한 검은 색. 맛도 진해서 소스나 채소 볶음 등 서양에서 감칠맛을 내기 위해 소량씩 쓰인다.

유자청 향기가 강한 유자를 생으로 먹는 것보다 당절임해서 뜨거운 물을 부어 유자차를 만들어 먹는다.

엑스트라 버진 올리브 오일 올리브 오일에 포함되는 종류이다. 올리브 오일은 올리브를 짜서 나오는 기름을 모은 것인데, 강한 압착을 하지 않고 나온 처음의 오일이 엑스트라 버진 올리브 오일이다. 좀 더 진한, 순수한 형태의 올리브 오일인 셈으로 값도 비싸다. 볶음이나 튀김 요리에는 어울리지 않는 식용유로 샐러드 드레싱으로 적합하다.

와인 리덕션 소스 wine reduction sauce 레드 와인을 조려 만든 소스.

워머기 음식을 따뜻하게 유지하는 식기류로 아래에 고체 연료를 놓아 음식을 데우게 되어 있다.

자숙 문어 삶은 문어

진 gin 증류주의 한 종류로 40%의 알코올 도수, 주니퍼 베리(juniper berry)로 상큼한 향이 난다. 각테일 마티니를 만들 때 쓰는 재료이다.

젤라틴 가루 gelatin 동물의 가죽 · 힘줄 · 연골 등을 구성하는 천연 단백질인 콜라겐 가루로 미지근한 물에 솔솔 뿌려 젤 상태로 만들어 중탕으로 녹여 쓴다. 무스 케이크 등에 쓴다.

차이브 chive 허브의 종류로, 영양부추처럼 생겼다. 살짝 매운 맛이 있어 얇게 저며서 수프, 샐러드, 고기, 생선 요리에 감칠맛을 더한다.

치킨 스톡 chicken stock 서양요리에서 쓰이는 여러 가지 다양한 육수 종류 중, 닭뼈를 허브와 함께 우려낸 국물. 닭뼈를 깨끗이 씻어서 냄비에 넣고 닭뼈 위로 5cm 정도까지 물을 붓는다. 월계수 잎, 타임, 통후추, 마늘, 파슬리 줄기 등을 넣고 3~4시간 우려낸 후 완성되기 한 시간 전에 양파, 당근, 셀러리를 넣고 은근히 끓인다. 마지막에 뼈와 무른 채소를 제거하면 치킨 스톡이 완성된다.

카나페 canape 빵 위에 갖가지 음식을 얹어 완성하는 요리로 손으로 집어 먹기 편하다.

카놀라 오일 카놀라에서 추출한 식용유로 특별한 강한 맛이 없어 많이 쓰인다.

카피 라임 잎 시트러스 과일인 카피 라임 나무의 잎으로 타이 음식에 많이 쓰인다.

컨벡션 오븐 convection oven 오븐 안에 팬이 있어 내부에 열을 골고루 빨리 순환시킨다.

코팅 팬 눌러 붙지 않게 겉면을 코팅시킨 팬.

크로스티니 crostini 이탈리아 말로 토스트한 작은 빵. 보통 카나페 형태처럼 작은 빵 위에 요리를 올려놓은 것을 말한다.

케이퍼 caper 지중해 지역의 요리에서 자주 보이는 초절임으로 서양풍조목의 꽃봉오리로 만들었다.

케이퍼 베리 caper berry 지중해 지역의 요리에서 자주 보이는 초절임으로 서양풍조목인 케이퍼의 열매로 만들었다.

타르타르 tartar 서양식 육회로 비프 타르타르는 신선한 쇠고기를 다져서 양파, 케이퍼, 소금, 후추, 올리브 오일 등으로 무친 요리. 참치 타르타르는 사시미 품질의 참치를 다져서 케이퍼, 양파, 소금, 후추, 올리브 오일로 버무린 요리.

타르트 tart 파이의 일종, 밀가루와 버터가 주재료로 반죽을 밀어 파이 틀에 넣어 구운 것.

타코 taco 밀가루나 옥수수가루로 만든 동그랗고 얇은 토르티야에 여러 가지 재료를 넣어서 먹는 멕시코의 전통요리.

토르티야(또띠아) tortilla 멕시코 인들이 먹는 빵의 하나로 둥근 원형의 납작한 형태로 밀 또는 옥수수가 있다. 타코 등을 만들어 먹을 때 쓰인다.

토마토 콩카세 tomato concassee 토마토의 껍질, 꼭지, 씨를 완전 제거한 뒤 과육만을 7mm 정도의 작은 정육각 모양으로 썰은 것.

토마토 페이스트 tomato paste 토마토를 농축시켜 놓은 것으로 통조림 형태로 시판되고 있다. 맛이 강해 소량만 쓴다.

튀김 팬 튀김용 팬으로 쓰기 좋은 것은 폭이 좁고 깊은 냄비류가 좋다.

파니니 기계 겉면에 그릴마크가 있는 따뜻한 파니니 샌드위치를 만들 때 쓰는 기계로 기계의 한쪽에 속을 채운 샌드위치를 놓고 손잡이를 잡고 기계를 반으로 접으면 양쪽 그릴 사이에 샌드위치가 끼게 되어 샌드위치는 눌려지며 그릴마크가 생긴다.

파르마산 치즈 parmesan cheese 이탈리아의 파르마 지역에 특산물로 소의 우유로 만든 경질의 치즈. 수프, 샐러드, 파스타 등에 올려 먹는다.

파에야 paella 스페인식 볶음밥류, 생쌀을 소프리토와 스톡, 또는 오징어 먹물, 샤프론 등의 향신료와 함께 볶아 먹는 요리. 스페인은 해산물이 풍부해서, 해산물을 많이 넣어 먹는다.

푸질리 fusili 파스타 면의 일종으로 회오리 모양의 면

퓨레 puree 덩어리를 으깨어 걸죽한 상태로 만들어 놓은 것.

프로슈토 prosciutto 이탈리아의 수제햄, 돼지 뒷다리를 뼈째로 소금물에 담갔다가 일년정도 자연 바람으로 말리는 전통 방식으로 만든 햄.

프리타타 fritata 계란물을 잘 풀어 여러 가지 재료와 치즈를 넣어 익힌 이탈리아식 계란 요리.

홀그레인 머스터드 whole grain mustard 머스터드(서양 겨자)로 곱게 갈지 않아 씨가 보이고 씹었을 때 톡톡 터진다.

홀스래디시 마요네즈 horse radish mayonnaise 서양식 고추냉이인 간 홀스래디시를 넣은 마요네즈

해든 하우스 이태원에 위치한 식재료 단일매장으로 서양 식재료를 구할 수 있는 곳이다. 02-2297-8618

해시 브라운 포테이토 hash browns, hash-browned potatoes 감자 겉을 바삭할 정도로 구워 먹는 감자 요리. 메인요리에 곁들여 먹는 사이드 요리.

그린 테이블

ⓒ 2009 김윤정 김은희

초판 인쇄 2009년 5월 04일
초판 발행 2009년 5월 11일

지은이 김윤정 김은희
펴낸이 김정순
기획·편집 서영희
디자인 김리영
사진 김기현
마케팅 정상희, 임정진, 한승일

펴낸곳 (주)북하우스 퍼블리셔스
출판등록 1997년 9월 23일 제 406-2003-055호

주소 121-840 서울 마포구 서교동 395-4 선진빌딩 6층
전화 (02)3144-3123 | **팩스** (02)3144-3121
전자우편 editor@bookhouse.co.kr
홈페이지 www.bookhouse.co.kr

ISBN 978-89-5605-346-2 13590

이 도서의 국립중앙도서관 출판시도서목록(CIP)은 e-CIP홈페이지(http://www.nl.go.kr/ecip)에서
이용하실 수 있습니다. (CIP제어번호 : CIP 2009001199)